科普中国书系·解锁基因智库

纵览基因变迁，领略生命精彩！

基因智慧

范云六　林　敏　王友华　著

科学普及出版社

·北　京·

图书在版编目（CIP）数据

基因智慧 / 范云六，林敏，王友华著. -- 北京：
科学普及出版社，2023.1
（科普中国书系. 解锁基因智库）
ISBN 978-7-110-10303-6

Ⅰ.①基… Ⅱ.①范… ②林… ③王… Ⅲ.①基因—
青少年读物 Ⅳ.① Q343.1-49

中国版本图书馆 CIP 数据核字（2021）第 192632 号

策划编辑	郑洪炜　牛　奕
责任编辑	韩　笑
封面设计	金彩恒通
正文设计	中文天地
责任校对	邓雪梅
责任印制	徐　飞

出　　版	科学普及出版社
发　　行	中国科学技术出版社有限公司发行部
地　　址	北京市海淀区中关村南大街 16 号
邮　　编	100081
发行电话	010-62173865
传　　真	010-62173081
网　　址	http://www.cspbooks.com.cn

开　　本	710mm × 1000mm　1/16
字　　数	207 千字
印　　张	14
印　　数	1—5000 册
版　　次	2023 年 1 月第 1 版
印　　次	2023 年 1 月第 1 次印刷
印　　刷	北京盛通印刷股份有限公司
书　　号	ISBN 978-7-110-10303-6 / Q・266
定　　价	58.00 元

主持单位

中国农业科学院生物技术研究所

支持单位

中国农业科学院作物科学研究所

上海交通大学

中国医学科学院

光明网

中国农学会

中国生物工程学会

中国农业生物技术学会

丛书序

　　基因技术日新月异，为现代社会的发展带来了新的科技变革。随着科学家对基因持续深入地研究，新的理论机制不断明晰、新的成果产品不断涌现，人类对生命奥秘的认知终于抵达基因层面，更多样、更深入。有关基因的话题总会成为热点，如转基因、基因工程、基因编辑、基因芯片、基因诊断、基因治疗、合成基因等，既时时吸引人们的关注，又屡屡引发公众的争议。随着基因科技与人工智能、大数据信息等领域的科技融合，与基因相关的知识、技术便潜移默化地融入人们生活的方方面面，成为人类社会中不可或缺的一部分。

　　现在，以转基因技术为核心的现代生物技术被广泛应用于农业、医疗、工业等各个领域，社会效益和经济效益日渐凸显。在农业领域，科学家利用基因和基因编辑等技术，提高农作物的抗性、产量、品质等，基因科技在减少农药施用、节省人力成本、提高农产品附加值等方面发挥了重要作用。在医学领域，胰岛素、生长激素、促红细胞生成素等基因工程制药，以及通过基因编辑技术修复基因缺陷的基因治疗，为疾病治疗带来革命性变化。在环保领域，科学家巧妙利用基因寻找解决长期以来困扰人类的农药化肥、工业"三废"、废旧塑料等环境污染问题的答案。在工业领域，基因工程也在乙醇生产、丁醇生产、淀粉性能修饰、纤维素利用、食品生产、生物新材料开发等方面发挥着越来越重要的作用。

科学技术是柄双刃剑，对于未知的事物，人们有了解和探求真相的渴望，这是人们寻求进步的本性；同时，对于未知的事物，人们也有畏惧和抵触，这是人们保护自身的本性。正确理性地传播基因科学、帮助公众获得正确的科学认知、激发公众探索生命奥义的兴趣、让公众理性认识和接纳基因工程新产品，这些毫无疑问是当前科学家、新闻媒体和科普工作者共同的使命和责任，也是我们编写和出版"解锁基因智库"系列丛书的初心和目标——为人们带来科学严谨又通俗易懂的基因科普作品，让公众走进基因的神秘世界，消除那些因误解或不了解而产生的担忧。最终，让公众走近科学，也让科学为公众服务。

与其他大众图书不同，科普作品有其自身创作、编辑和成熟的过程。一本好的科普书，需要同时兼顾科学性、通俗性以及趣味性。当下，虽然与基因相关的科技新闻报道和科普图书日益增多，但原创匮乏。究其原因，一是市场上的基因科普作品数量本就缺乏，围绕基因进行科普的书更是少之又少；二是当前销量较高的基因科普作品基本是从国外引进的，如《基因与命运》《基因传》等，原创且符合中国特色的科普作品亟须出版；三是现有的基因科普作品尚不够系统全面，虽然围绕人类行为、生活和健康的创作较多，但是对基因本身的关注较少，无论是对其在自然世界中扮演的重要角色的评述，还是对其在人类社会中发挥的重要作用的介绍，到目前为止都还较少，也缺乏系统性和全面性。

基于此，由中国工程院范云六院士领衔创作了《基因智慧》，中国科学院钱前院士领衔创作了《基因智种》，中国科学院邓子新院士领衔创作了《基因智造》，中国工程院刘德培院士领衔创作了《基因智疗》，以期"明其因、辩其理、正其名"，四位院士作为《科普中国书系·解锁基因智库》科学顾问，对丛书的整体架构与设计进行了把关，确保了丛书的系统性和科学性。丛书的编委会由坚守科研一线并开展科学普及的知名专家、国家杰出青年科学基金获得者林敏研究员担任主任，由上海交通大学生命科学技术学院常务副院长冯雁、中国医学科学院北京协和医学院副院校长李青、中国农业科学院生物技术研究所所长李新海、光明网副总经理宋永乐、农业农村部科技教育司张宪法担任副主任，由来自不同领域的权威专家担任编委会委员。在组织编写的过程中，一批耕耘科研一线的青年科学家、心系公益科普的生物学博士以诚挚的热情、严谨的态度，不畏困难、积极协作，历时两年创作成了这套书。

《科普中国书系·解锁基因智库》科普丛书分为四册，分别是《基因智慧》《基因智种》《基因智造》和《基因智疗》。《基因智慧》作为丛书的开篇，重点介绍人类一直在探索的"基因智慧"，通过一个个生动有趣的故事讲述了基因在动物、植物及人类的生存发展中发挥的重要作用，简述人类如何借鉴"基因智慧"改变和服务现代生活，展望"基因智慧"在未来如何造福人类。《基因智种》以一粒种子作为起点，讲述科学家利用基因的利刃创造优良的动植物种质资源，满足不断增长的农业生产需求，一个个与生活息息相关的"基因智种"故事，带领读者一起领略科学创造的魅力。《基因智造》放眼智造食品、智造材料、智造电子数据、智造能源、智造健康、智造生命这六个领域，讲述基因智造的"神奇之手"在新生命、新材料和新技术的发展历程中，以及在人类社会的各个领域里书写的美好故事。《基因智疗》则从基因疫苗、基因检测、疾病动物模型、基因工程药物、基因治疗五个角度，呈现基因科学在疾病治疗中的点睛作用，让读者深刻体会基因在人类的生命长河中发挥的重要作用。

科学的蓬勃发展如同基因的空间结构，呈螺旋式上升。科学知识也总是在推陈出新的过程中推动科技进步、引领人类社会进步。丛书中一些基因科学也许仍然需要在探索的基础上不断更新，但我们仍然希望现有的探索和努力能让大家获得启发和成长，与我们共同推进科学事业的发展。这不仅仅是一套科普基因科学的图书，更是一把打开基因世界大门的钥匙。翻开一本书，打开一扇门，拥抱科技之光，希望我们一起行得更高，走得更远。

大约 40 亿年前，地球上出现了最原始的生命。随着时间的推移，生命慢慢发生了量变和质变，从单细胞到多细胞，从微生物到动物和植物，地球上出现了种类繁多的生命体，遍布海洋和陆地。除了一些特殊生命，这些生命体体内都存在共同的神秘物质——基因。正是基因的变迁和变化，造就了丰富多彩的生命世界。

生命的秘密或许是这个世界给人类的一道考题。从古至今，我们一直想知道，生命是怎样出现的？原始的地球环境是如何发展成为今天的模样的？而了解和研究"基因"这个生命最基本的遗传物质，也许将是我们认识大千世界、了解人类自身以及助力人类继续向前发展的重要途径。围绕基因有如此多的谜题，它的变化和迁移给生命体带来哪些奇妙的变化，又给生物圈增加了多少角色？人类如何借鉴基因的神奇变化来改变现代生活，将来还会带来怎样的变化，创造怎样的成就呢？

科学家经过坚持不懈的探索与研究，发现了其中的一些奥妙。基因就像是大自然的一本说明书，指导着各种生物按照一定的轨迹生长。本书将带大家领略基因的智慧与生命的色彩斑斓，我们会从微观的基因开始，讲述基因带来的物种的巨大变化；我们会告诉你，认识基因之后的我们，能够利用基因做哪些有益又有趣的事情。当我们揭开基因神秘的面纱，基因将成为人类改造世界的法宝，我们从基因的奥秘中寻找与大自然更和谐的相处方式，人类和自然的故事将以更绿色的方式延续下去。

无论是动物、植物、微生物还是人类，生命的枯荣与延续都有基因的参与，当你拿到并翻开这本书，你会知道，小小的基因有多大的影响力，你更会发现，原来看似遥远神秘的基因工程，其实就在我们身边。

你和科学的距离并不遥远。让这本书带领着你，和科学家一起遨游不可思议的基因世界，快乐探索吧！

中国工程院院士　　　国家自然科学基金杰出　　　全国优秀科普作品获评作者
　　　　　　　　　　　青年获得者

2021 年 11 月

目录

第一章

生命的密码——基因

第二章

微生物的基因智慧

第三章

植物的基因智慧

第四章

动物的基因智慧

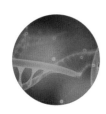

后记

生命的密码——基因

基因——深植在细胞深处的生命密码,它像一本具体翔实的生命体说明书,让地球上的各种生命体拥有了自己独一无二的特点,把每个生命体都编入了地球生命演化的长链之中。

人类对自身及其他生命体的探索,一点点揭开了基因神秘的面纱,也抓住了回溯地球生命起源的线索。

基因究竟是什么?它具有怎样的形态,又是怎样参与遗传的?基因为什么会突变?基因的变化对地球上的生命体来说具有怎样的意义?

大自然的丰富多彩是物种进化的结果,而物种进化的背后,既有环境的变迁,又有基因的变化。什么样的基因会被延续?又是什么样的基因止步在历史长河之中?它们和生命的演化又有怎样的关系?

从这里推开基因科学的大门,回溯生命的历史,了解基因科学的发展,展望地球更加健康绿色的未来。

第一节
发现生命密码——基因

在科幻作品中，基因往往扮演遥远而神秘的角色。其实，基因与我们息息相关。有生命的地方就有基因，它是生命的密码！

汉语中的"基因"一词是英语"gene"的音译，它的拉丁语词根"gen"有"生育"之意。基因又称遗传因子，是具有遗传效应的 DNA 片段，是控制生物性状的基本遗传单位。可以说，基因是解开生物生老病死之谜的"密钥"。人类对这把"密钥"的认识经历了漫长而艰辛的过程。

大自然蕴藏着形形色色的生命体，这些生命体呈现着各不相同的生命特征，但构成生命体的基本单元是一样的，那就是细胞。迄今为止，我们已知的除病毒之外的所有生物都由细胞组成，而病毒这种特殊的生命体，其生命活动周期也必须在寄主细胞中才能完成。

细胞由英国科学家罗伯特·胡克（Robert Hooke）在 1665 年通过他自制的光学显微镜观察发现。随后的一二百年，科学家提出：细胞是生物的基本组成单元。

随着显微镜制作的改进，科学家进一步观察到比细胞更为细微的单元。细胞的组成部分一点点被显微镜放大到人们的视野里：高等植物细胞膜外有细胞壁，细胞质中有叶绿体和液泡，还有线粒体等细胞器；动物细胞无细胞壁，细胞质中有中心体。更为有趣的是，科学家发现了细胞都是从原来就存在的细胞中分裂而来的，并慢慢地弄清楚了细胞分裂的过程。更为重要的是，科学家还在细胞的分裂过程中观察到了染色体，并证实：染色体的变化左右着细胞的分裂和生命的遗传。要弄清楚染色体与遗传的关系，还要从著名的孟德尔实验说起。

格雷戈尔·孟德尔（Gregor Mendel）是奥地利帝国生物学家，遗传学的奠基人。19 世纪 60 年代，孟德尔在实验中发现：豌豆的形状、颜色等性状可以遗传给下一代。孟德尔提出了遗传因子（现在称为基因）的概念，并认为性状的遗传是由遗传因子决定的，且这种遗传具有规律性。他归纳他历时 8 年的杂交实验后得出两个遗传学规律：基因的分离定律和自由组合定律。这两大定律被后人统称为孟德尔遗传定律。

1910 年，美国胚胎遗传学家托马斯·摩尔根（Thomas Morgan）利用白眼果蝇和红眼果蝇进行了著名的果蝇杂交实验，发现了控制眼色性状的遗传因子和控制性别的遗传因子是连锁在一起的，由此得出连锁与互换

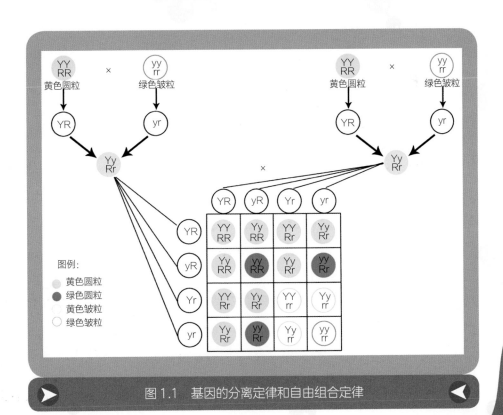

图 1.1　基因的分离定律和自由组合定律

定律。该定律与孟德尔的两大定律统称为"遗传学三定律"。摩尔根也因此荣获了 1933 年诺贝尔生理学或医学奖。

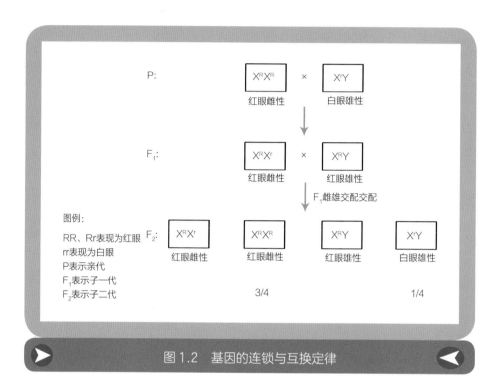

图 1.2　基因的连锁与互换定律

　　一系列的科学发现，推动遗传学进入"黄金发展期"，并催动了分子生物学诞生。1909 年，丹麦学者约翰森（W. L. Johannsen）提出用基因（gene）这一名词来指代遗传因子，并且引入基因型和表现型两个术语，前者是生物的基因成分，后者是基因所表现的性状。

　　1928 年，英国科学家格里菲斯（F. Griffith）发现一个非常奇怪的现象：将活的 R 型无毒细菌和高温杀死的 S 型有毒细菌分别注入小鼠体内后，小鼠安然无恙；但将用高温杀死的 S 型有毒细菌同活的 R 型无毒细菌混合起来，注入小鼠体内后，有些小鼠竟死了，且病死的小鼠血液中有许多活性的 S 型有毒细菌。这些神出鬼没的有毒细菌从何而来？直到 1944 年，谜底终被揭开，美国生物学家、医生艾弗里（O. T. Avery）等从有荚膜的

▶ **小窗口**

分离定律 指决定生物体遗传性状的一对等位基因在配子形成时彼此分开，随机分别进入一个配子中，独立地随配子遗传给后代，并表现出不同的性状，这一规律从理论上说明了生物界由于杂交和分离所出现的变异的普遍性。例如，双眼皮的父亲和单眼皮的母亲所生子女中，单眼皮和双眼皮的孩子都有可能出现。

自由组合定律 是指具有两对（或更多对）相对性状的亲本进行杂交，在子一代中会出现这些性状的自由组合。例如，双眼皮直发的父亲和单眼皮卷发的母亲所生的子女中，双眼皮直发、双眼皮卷发、单眼皮直发和单眼皮卷发的孩子都有可能出现，两个性状之间互不干扰，自由组合。

连锁与互换定律 自然界中有些生物的性状并不完全遵循分离定律和自由组合定律。它们常常表现出在一代亲本中所具有的两个性状，在子代中常常联系在一起遗传，摩尔根针对这种现象证实了染色体是控制性状遗传基因的载体，并进一步验证了一对同源染色体上的不同等位基因之间可以发生交换。

S 型细菌中分离出一种被称为"转化因子"的物质，并将这种物质加入培养无荚膜的 R 型细菌的培养基中，经培养后，无荚膜的 R 型细菌及其后代竟有了荚膜。这种"转化因子"就是脱氧核糖核酸，即 DNA。

这是生物学史上第一次用实验的方法证明了核酸是遗传物质，让核酸在遗传学中有了"名分"。美国科学家沃森（J. D. Watson）和英国科学家克里克（F. H. C. Crick）于 1953 年公开发表了他们的 DNA 双螺旋模型：DNA 是由两条基本骨架构成，4 种碱基（A、T、G 和 C）按照 A–T、C–G 的组合方式，像旋转梯一样连接着 DNA 的两条链，使整个分子环绕自身中轴形成一个双螺旋。这个重大发现使遗传学的研究深入到分子层面，

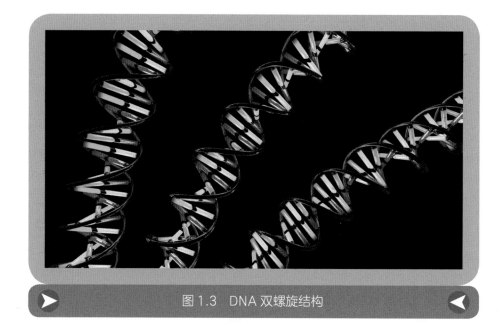

图 1.3　DNA 双螺旋结构

标志着分子遗传学的诞生。

　　基因的本质被揭开后，科学家热情高涨，许多相关研究在这段时间内都有了突破性的进展。

　　但彼时的科学家仍然无法弄清楚基因是一种不可分割的完整单元，还是存在更加精细可以进一步组合的结构。20 世纪 50 年代，美国物理学家、分子生物学家和行为遗传学家西摩·本泽（Seymour Benzer）在对大肠杆菌 T4 噬菌体进行研究时分析了基因内部的精细结构。他发现一个基因内部可能同时存在多个突变位点，而突变位点之间又可以发生重组，进而弥补这些突变带来的变化，比如两株不同的 *rII* 基因（用于实验的目标基因）突变体在杂交后产生了拥有完好 *rII* 基因的子一代，表明两个突变基因通过重组后实现了完美互补。由此可见，基因并非是不可分割的最小遗传单位，基因内部的不同位点可以发生突变、交换和重组。

　　我们已经知道基因是生命遗传的基本单元，构成生命细胞的基本有机物质、生命活动的主要承担者则是蛋白质，但基因是如何指导蛋白质的合成，又是如何指导重要生命活动的呢？1961 年，法国遗传学家弗朗索瓦·雅各布（François Jacob）和美国生物学家马修·梅瑟生（Matthew Meselson）通过实验确定了蛋白质是在细胞质的核糖体（蛋白质分子合成的加工厂）上组装合成的。而以往的研究表明染色体（基因的重要载体）在细胞核中，要实现细胞核中的遗传信息准确指导细胞质中的蛋白质合成，必然存在着将细胞核中的遗传信息转移到细胞质里的机制，科学家推测细胞中肯定存在某种充当了遗传信息传递载体的重要成分，信使核糖核酸（信使 RNA、mRNA）假说由此提出。科学家随后证实了该种假说，确定 mRNA 由 DNA 的一条链作为模板，通过转录机制后，将遗传信息从细胞核转运到细胞质中，并在核糖体上指导蛋白质的合成，不同的 DNA 指导转录成不同的 mRNA，进而指导合成不同的蛋白质，不同的蛋白质拥有各种独特的功能。那这种独特的信息传递又是如何进行的呢？

　　1961 年，雅各布和法国科学家莫诺（J. L. Monod）通过实验证实了 mRNA 由 4 种不同碱基（A、U、C、G）的核苷酸组成，与 DNA 的核苷酸的 4 种碱基（A、T、C、G）相对应。换言之，我们的遗传系统为了信息的严格保密，在原有的密码上又加了一套密码。作为 DNA 与蛋白质的中间的"接头人"，细胞核中的 RNA 聚合酶将 DNA 的遗传信息按照对应碱基进行编码合成 mRNA，这一个过程称为转录。转录完成后，mRNA 被转运出细胞核，进入蛋白质分子合成工厂核糖体，开始指导蛋白质合成，从 mRNA 到蛋白质的信息传递过程也被称为翻译过程。科学研究发现，生物体内蛋白质的基本结构由 20 种氨基酸构成，但 4 种碱基怎样排列组合才能编码指导 20 种氨基酸的排列组合呢？科学家经过推理、验证，发现 DNA 上 3 个相连的碱基组成一个三联体，这个三联体对应一个氨基酸，这个三联体被称为密码子。用数学的排列组合计算，4 个碱基的排列组合理论上可以有 64 种，但事实上有的氨基酸可对应多个密码子，所以最终形成了 20 种氨基酸，另外还有 3 个组合（UAA、UGA 和 UAG）负责编码终止子，保障蛋白翻译能科学地刹车，这 3 个密码子不对应氨基酸。到

1967 年，人类成功破译全部遗传密码，并且确定了氨基酸是组成蛋白质的基本单位，而蛋白质是生命体的重要组成成分，基因密码的作用终于大白于天下。

当生命密钥被发现后，科学界便开始破解生命密码，基因测序工作迅速蓬勃开展了起来。

1975 年，第一代 DNA 测序技术诞生，桑格（F. Sanger）和考尔森（A. R. Coulson）共同研发出从头测序的方法，其优点是准确率高，缺点是成本高、速度慢。随着科技的不断进步，又陆续出现了第二代高通量测序技术和第三代高通量测序技术，成功实现了高通量、高速度、低价格。基因测序的本质是通过检测碱基的排列顺序，来"读懂"这些特定的排列顺序为生物体带来的各种表现，进而应用到医学、农业等各个领域。基因测序在疾病的形成与防治、生物的起源与进化等研究领域应用前景广阔，助力科学家解开了更多的生命之谜。

俗话说"种瓜得瓜，种豆得豆"，还说"一龙生九子，九子各不同"。这两句话正好可以生动地概括生物起源、进化与基因奇妙的关系。

1958 年，科学家发现 DNA 在复制过程中双链解旋，每条单链都作为模板指导新链的合成，进行半保留复制，保证了子代 DNA 分子与亲本 DNA 分子的一致性。同时基因复制过程中严格遵循 A 与 T、C 与 G 的配对原则，保证了子代 DNA 碱基排列顺序与亲代的一致性。在 RNA 引物的引导下，DNA 进行复制，降低了复制起始处的错误发生率。半保留复制、碱基配对原则和 RNA 引物精准启动，这 3 个 DNA 复制特点确保了复制过程的准确性，从而使生物体在繁衍中保持性状的稳定。

当然，生命的繁衍并不是简单的自我复制。新的生命体产生过程中，基因内部有些位点会发生突变、交换和重组，会出现有别于上一代的变异。可以说，遗传保证了物种的稳定延续，变异创造了更多样的生命，推动了生命的进化，遗传和变异共同造就了色彩斑斓的生命世界。

第二节
基因的忠诚保障了
生命的繁衍和稳定遗传

生物体的亲代会复制与自己相同的物质并传递给子代，这一过程就是遗传信息传递的过程，我们把这种代代相传的物质称为遗传物质。"种瓜得瓜，种豆得豆"这种遗传机制保持了物种的特性，并从上一代传至下一代。例如，不同物种总是存在明显差异，并且物种的特征在种内能得到延续。那么，支持这种神秘遗传现象的物质基础是什么呢？它就是几乎所有生命体都有的物质——核酸。核酸通常不单独存在，而是和特殊的蛋白质一起构成染色体。对于人类来说，每一个成熟细胞的细胞核中都含有 23 对染色体，人类的绝大部分遗传信息都蕴藏在染色体中。

那么遗传物质是怎样准确无误传递的？在体细胞分裂过程中，生物体通过一套完整的机制使核内的染色体复制出一套新的一模一样的染色体，其上的脱氧核苷酸排列顺序和结构与母细胞几乎完全一致，所以全部的遗传信息能正确地从一个细胞传递至另一个细胞。生命的繁衍和稳定遗传总的来说主要与 3 个因素有关：DNA 结构的稳定性、复制过程的准确性和完善的 DNA 修复机制。

"牢不可破"的 DNA 结构

DNA 的分子结构是比较稳定的，这个稳定主要是指 DNA 分子双螺旋空间结构的稳定性。

是什么原因使得 DNA 具有稳定性呢？我们知道 DNA 分子是由两条脱氧核苷酸长链组成的，两条长链互相盘旋成粗细均匀、螺距相等的规则双螺旋空间结构，正如两根稻草搓成绳子后，其牢度（稳定性）大大提高一样。同时，DNA 分子双螺旋结构中间为碱基对，碱基与碱基之间形成氢键。单氢键势单力薄，但在 DNA 分子内部有许许多多碱基对，由于大量的氢键的存在，这种微弱的力量拧在一起，竟然维持了双螺旋空间结构。

除了氢键之间的力，稳定 DNA 分子的主要力是碱基堆集力，生物体含有大量的水，构成 DNA 分子的碱基是疏水性的，在形成 DNA 分子时，由于疏水作用，碱基在 DNA 分子中纵向层层堆积。既有利于双螺旋结构的形成，又有利于碱基间的缔合，容易形成氢键。在维持 DNA 结构的稳定性中，离子键也发挥了重要的作用，DNA 分子磷酸残基上的负电荷可与介质中的阳离子之间形成离子键，离子键消除了两条链之间由于负电荷的相互作用而排斥的情况，使 DNA 分子空间结构保持稳定。

"准确无误"的复制过程

承载遗传物质的载体是 DNA 链上的核苷酸序列，生物体依靠 DNA 链上信息的准确复制保证了遗传信息稳定传递。生物体有一套完整的机制保证 DNA 链上的信息准确复制。DNA 的复制过程有多种蛋白质、RNA 分子等参与，科学家把这些蛋白质等组成的复合物称为复制体。这其中包括 DNA 聚合酶、DNA 解旋酶、引发体、单链 DNA 结合蛋白、RNA 聚合酶、Dam 甲基化酶、DNA 连接酶等。每一种蛋白质都有明确的功能，如 DNA 解旋酶可以解开双链 DNA；单链 DNA 结合蛋白可以稳定 DNA 的解链状态；引发体中含有 RNA 合成酶，能催化合成 RNA 引物；DNA 聚合酶是 DNA 链合成的主要酶；DNA 连接酶能将 DNA 片段进行连接。DNA 复制的过程通常可以分为引发、延伸和终止 3 个阶段。

在复制过程中，有 4 个原则保证复制的准确性。一是 DNA 复制采取的是一种半保留复制方式，即亲本 DNA 双链发生解链后，每条单链都作为模板来指导新链合成。因此，当复制完成时产生的两个子代 DNA 分子，每个分子都含有一条亲本链，并保证了子代分子与亲本分子完全相同，这一复制方式已于 1958 年得到科学实验的证实。二是复制过程中，碱基之间严格按照 A 与 T 配对、G 与 C 配对的原则，使新合成的 DNA 链碱基排列顺序忠于原来的模板链。由于 DNA 两条链之间的空间距离为 2 纳米，A-T 配对和 G-C 配对恰好能满足这种空间要求，并且碱基 A 与 T 在化学结构上能形成两个氢键，G 与 C 可形成 3 个氢键，因此这种配对方式在氢键位置上相适应和稳固。三是以 RNA 引物来引导 DNA 复制，可以尽量降低 DNA 复制起始处的错误发生频率。DNA 复制起始处最容易出现核苷酸错配情况，但由于 RNA 引物最后都被 DNA 聚合酶 I 切除而重新合成，提高了 DNA 复制的准确率。四是虽然有前面几种机制作为保证，但在复制过程中，也存在极低概率的错误配对情况。当错配发生时，有些 DNA 聚合酶能回头把错误配对的碱基切除，然后再次合成正确的碱基，这一机制就可以保证 DNA 复制的准确性。在上述几种机制的共同作用下，可以最大限度地保证生物遗传信息准确地传递给后代。

完善的 DNA 修复机制

生物体在各种各样的环境下生存，因此生物体与环境之间存在密不可分的相互作用，受到外界或内部各种因素的干扰，生物的遗传信息载体 DNA 也会出现不同类型的损伤。所有这些 DNA 的损伤或遗传信息的改变，如果不能及时得到修复和更正，在体细胞内则可能影响细胞的功能或生存，在生殖细胞内则可能影响到后代。但实际上，众多生物 DNA 受到外界的宇宙射线、化学物质和温度变化等长年累月的影响，并未变成一堆乱码或者降解，依然保持着完整的状态，可见生物体都有一系列 DNA 修复系统和机制。目前在人体中发现的 DNA 修复机制包括以下 3 种。

碱基切除修复机制。瑞典科学家托马斯·林达尔（Tomas Lindahl）在人体细胞中发现了一种糖苷水解酶蛋白，它专门寻找和识别特定的 DNA

碱基错误，然后把发生错误的碱基从 DNA 链上切掉，从而修复 DNA。林达尔通过十几年的研究，在体外试验中验证了这种 DNA 碱基切除修复机制。

DNA 错配修复机制。细胞通过一些方式标记 DNA 链，细胞中的某些特定蛋白质又可以识别这些标记，从而在错配发生时区分出新链和旧链，指导新合成链上的错配按照旧链的模板进行修复。当然，这里还有许多的未知等待科学家研究发现。

核苷酸切除修复机制。土耳其科学家阿齐兹·桑贾尔（Aziz Sancar）对被致命剂量紫外线照射致死，又被蓝光照射复活的细菌进行研究，之后发现了光修复酶，它能对嘧啶二聚体形成的共价交联进行修复，从而使细胞中 DNA 链能正常复制。

细胞中还有其他的 DNA 损伤修复机制，细胞通过这些机制全方位地维护 DNA 序列的稳定性，从而维持物种的稳定性。生物体或细胞的这些修复系统中任何一种发生缺失都会提升癌症发生的概率，如碱基切除修复机制的缺陷会提升肺癌的发病率；DNA 错配修复机制缺陷会提升遗传性结肠癌的发病率；核苷酸切除修复机制缺陷会提升皮肤癌的发病率。可见 DNA 的修复机制在生命体的稳定繁衍中发挥着"超级质检员"的重要作用。

第三节
基因的变迁推动生命进化

在浩瀚的太空，茫茫的星海里，旋转着一颗独一无二的蓝色生命星球——地球。地球是截至目前，已知存在生命的唯一星球，有种类繁多的花草树木，有形态多样的虫鱼鸟兽，有纤细难辨的细菌病毒。生命遍布在地球上的每一个角落，在浩瀚的时间长河中生息繁衍。据统计，现在已知的生物大约有 200 万种，其中植物 40 多万种、动物 150 多万种、微生物 10 多万种，这些形形色色、千姿百态的生命体构成了今天这个生机盎然的生物界。

前文我们讲到生物的稳定遗传保障了生命的延续，生物体亲代与子代之间通过基因信息的稳定传递，使得生命体得以按照祖辈的模样世代繁衍。但我们不禁要问，如此缤纷的生命世界又是如何形成的呢？

地球从只有简单的原始生命发展成今天这个缤纷复杂的生物世界并非一蹴而就，生命的不断进化造就了这一切，其进化的总体趋势是由简单到复杂。生物界的历史发展表明，生物进化是从水生到陆生、从简单到复杂、从低等到高等的过程，从中呈现出一种进步性发展趋势。一些早期的海生植物被冲到岩石上，形成了最原始的陆上蕨类植物——顶囊蕨，并开启了植物分类进化的新篇章，而后进化的路线大致为藻类→苔藓→蕨类（紫萁、石松等）→裸子植物（银杏、苏铁、松、杉、柏等）→被子植物（水稻、柳树、菊花等）。另一个分支，单细胞生物领鞭虫则成为动物生命进化的始祖，沿着腔肠动物（如珊瑚）→海绵动物→扁形动物→线形动物（如猪肉绦虫）→棘皮动物（如海星）→脊索动物（如文昌鱼）→脊椎动物（原口类→鱼类→两栖动物→爬行动物→哺乳动物→人）的方向不断进化。整个进化过程伴随着细胞种类不断丰富，细胞功能逐渐专一，单细胞开始向多细胞、多组织、多器官演化，细胞间、组织间、器官间的互作交流不断增强，逐渐进化出当今细胞数目惊人、种类繁多的高等复杂生物。

这一系列的进化过程是由自然选择驱动了基因的改变，而基因又控制着生物体的生命活动，基因的变异又会促成生物进化。生命体的功能随着遗传信息逐步增加而丰富，其中基因变异起着无可替代的巨大作用，生命体从原始的单细胞开始不断整合细胞内遗传物质，这些遗传物质开始调控单细胞向多细胞的发展。慢慢地，这些多细胞生命体开始不再满足单调的细胞信息，它们不断地吸收周围其他种类细胞中的遗传物质，融

合、重组、突变而出现新功能基因，这些基因开始引导一些细胞发育成表皮细胞，有些引导细胞发育成肌肉细胞，随后不断演化出消化系统细胞，逐渐地开始生成调控发育为外骨骼和内骨骼细胞的基因。经过无数次选择，一定区域某物种的有利变异的基因得到加强，不利变异的基因逐渐被清除。

研究发现，物种进化图谱与基因组大小有着密切的关联性，这说明基因变异在驱动物种进化中发挥了重要作用。生物在进化中，由原核到真核，由单细胞到多细胞，由低等到高等，进而出现复杂的生命形式。我们将生物体的颜色、形状、高矮等形态特征，植物的抗病性、细菌的耐药性等生理特征，狼的攻击性、狗的温顺性等行为特征统称为性状。科学发现性状的产生主要是由遗传信息决定的，一般基因组越大，合成的蛋白质种类就越丰富，功能就越复杂，生物体也就变得越复杂。可以说，基因组的大小与物种的进化程度存在一定的正相关关系，总体上：病毒基因组小于原核生物基因组小于真核生物基因组，即越复杂的生物就越需要更大的基因组来承载复杂的遗传信息。

在漫长的生命进化长河中，复杂缤纷的生命呈现着螺旋式上升的趋势，伴随着生命的进化，遗传信息的变化、迁移和组装也逐渐地丰富起来。在自然环境的不断变化中，生命体基因通过突变、遗传重组、染色体变异、DNA 修饰等方式逐渐地由一个种演变为另一个种或多个新种，不断为这个世界增添生命的活力。我们来了解一下这些基因变化迁移的过程。

基因突变

基因突变指生物体的基因组 DNA 偶然发生了可遗传的变异现象。生命在通过基因将遗传信息传递给下一代的同时，还伴随着基因的变化，每一个生命体在继承上一代遗传信息的同时也获得了新的遗传特性，基因突变在进化中起到了很重要的作用。

生命体的 DNA 一般情况下非常稳定，它可以在细胞分裂时精确地复

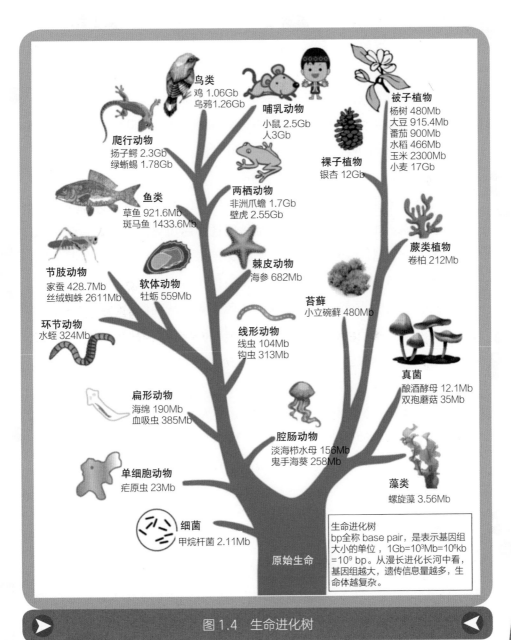

鸟类
鸡 1.06Gb
乌鸦 1.26Gb

哺乳动物
小鼠 2.5Gb
人 3Gb

被子植物
杨树 480Mb
大豆 915.4Mb
番茄 900Mb
水稻 466Mb
玉米 2300Mb
小麦 17Gb

爬行动物
扬子鳄 2.3Gb
绿蜥蜴 1.78Gb

裸子植物
银杏 12Gb

鱼类
草鱼 921.6Mb
斑马鱼 1433.6Mb

两栖动物
非洲爪蟾 1.7Gb
壁虎 2.55Gb

蕨类植物
卷柏 212Mb

节肢动物
家蚕 428.7Mb
丝绒蜘蛛 2611Mb

软体动物
牡蛎 559Mb

棘皮动物
海参 682Mb

苔藓
小立碗藓 480Mb

环节动物
水蛭 324Mb

线形动物
线虫 104Mb
钩虫 313Mb

真菌
酿酒酵母 12.1Mb
双孢蘑菇 35Mb

扁形动物
海绵 190Mb
血吸虫 385Mb

单细胞动物
疟原虫 23Mb

腔肠动物
淡海栉水母 156Mb
鬼手海葵 258Mb

藻类
螺旋藻 3.56Mb

细菌
甲烷杆菌 2.11Mb

原始生命

生命进化树
bp全称 base pair，是表示基因组
大小的单位，1Gb=10³Mb=10⁶kb
=10⁹ bp。从漫长进化长河中看，
基因组越大，遗传信息量越多，生
命体越复杂。

图 1.4　生命进化树

制自己。但这种稳定性并不绝对，在一定的情况下，基因会发生变化，即基因在结构上发生碱基对组成或顺序的变化，进而产生新的基因，这就是基因突变，它能够改变原有基因的遗传信息。基因突变是随机的，它可能发生在生命体发育的任何时期。生命的发育是从一个细胞开始，不断地分化，形成不同的组织，突变发生的时期和生物不同发育部位的表现型有很高的关联性。例如，植物的叶芽如果在发育早期发生控制叶色的基因突变，那么由该叶芽长出的叶、花、果实等都有可能与其他枝条颜色不同，如果突变发生在花期，则会表现为果实颜色有异。

基因突变可能会带来诸多不利影响，导致生物体性状变异或使人类产生某些疾病，如镰刀型细胞贫血症、唐氏综合征等。但同时，在漫长的进化长河中，基因突变又为物种多样化带来了内生源动力。如基因突变为人类的语言表达能力奠定了基础；白桦尺蛾为适应环境变化，身体内黑色素基因发生重大变化后，使得体色变黑，从而保护自己；哺乳动物蝙蝠的祖先利用基因突变长出了适于长时间飞行的两翼。基因突变的价值还远不止推动生物进化，它在人类发展史上也发挥了重要作用。以农业为例，人们通过物理学或化学诱导基因突变，并通过筛选和培育，获得高产、优质、抗病毒、抗虫、抗寒、抗旱、抗涝、抗盐碱、抗除草剂等各类作物新品种，目前通过人工方法诱导基因突变获得了高产优质的杂交水稻，通过太空射线诱变培育出了具有优良品质的甜椒、南瓜等新品种蔬菜。

基因重组

基因重组指在生物体进行有性生殖的过程中，控制不同性状的基因重新组合，是自然界普遍发生的一种遗传现象。由于控制不同性状的基因重新组合后出现了新性状，所以基因重组也是生物变异和生物多样性的重要动力，对生物进化有着重要的意义。

在种属内外甚至不同物种间通过基因重组实现基因的转移，不断打破原有的种群隔离，能够推动生物进化进程。

物种内的基因重组。植物界的异花授粉是物种内基因转移的典型案例。雄花经过风力、水力、昆虫或人的活动，将不同花的花粉传播到雌蕊的花柱上进行受精，达到异花授粉的目的。一种水果的口感本来很不错，突然变得不好吃了，果农将这种现象称为果树的"串花"，也就是"异花授粉"，在这个过程中，不好的植物基因被带到好的植物基因中，使水果的品质变差。与自花传粉相比，异花传粉是一种进化方式。来自不同的植物或不同花的花粉和雌蕊，遗传性差异较大，受精后发育成的后代往往具有较强大的生活力和适应性。这种种内基因转移现象便是杂交育种的生物学基础，人们通过干预植物的授粉活动，将需要性状的基因组合到一起，并通过一代代的人工选择，使杂交得到的性状组合得以稳定遗传，形成新的品种。

其实除了物种内的基因重组，自然界还存在一种特殊的物种间基因重组。这种基因重组多由病毒或者细菌感染产生。病毒可以将基因插入宿主细胞的 DNA 链中，并正常表达。一些细菌的质粒也具有类似病毒的功能。农杆菌侵染植物伤口的过程就是物种间基因重组的典型案例，这种现代生物常用技术的出现也是我们向自然界学习的结果。在自然条件下，农杆菌可以将自己的基因转移到植物中，并得到表达。农杆菌是普遍存在于土壤中的一种革兰氏阴性细菌，遍布世界各地的土壤中，它在自然条件下能感染大多数双子叶植物的受伤部位，诱导植物长出冠瘿瘤或发状根。根癌农杆菌和发根农杆菌细胞中有一段 T-DNA，农杆菌通过侵染植物伤口进入细胞，可将 T-DNA 插入植物基因中。农杆菌对植物侵染作用的发现，是植物转基因技术快速发展的基础。

染色体变异

染色体是存在于细胞核中能被碱性染料染色的丝状或棒状体，由核酸和蛋白质组成，是遗传的主要物质基础。染色体变异指在自然或人为条件下，染色体结构或数目的改变。它会导致生物后代的遗传信息和表

现性状的变异，是可遗传变异的一种，属于细胞水平的变异，可以利用显微镜观察。染色体的结构变化往往导致一些不好的遗传表现，比如由于染色体缺失引起的人类疾病"猫叫综合征"，该病是 5 号染色体短臂缺失所引起的遗传病，患儿出现生长发育迟缓、头部畸形、智力障碍、皮纹改变等症状，而其最明显的特征是哭声类似猫叫，"猫叫综合征"因此而得名。而另一种人类的 9 号染色体如果发生倒位现象（染色体断裂后发生 180 度反转，重新连接到染色体）就会导致不能生育。不过，这种情况可以通过基因检测被发现，并可以经过人工授精的方式实现受孕并生育。

染色体的结构变异也会推动生命的进化。果蝇的染色体重复（一条染色体的片段连接到同源的另一条染色体上，使得另一条同源染色体多出与本身相同的一段）就是典型的例子。拥有正常染色体时，果蝇表现出卵圆形的眼睛；在染色体发生部分片段重复时，果蝇则表现为棒状眼睛。也有如染色体易位即染色体断裂后的片段插入另一条非同源染色体上而引起的变异。科学研究发现，在 17 科 29 属的种子植物中，都有易位产生的变异类型。

染色体数目变异同样也是进化的重要推力之一。细胞内非同源染色体组成一套染色体组，它们在形态和功能上各不相同，共同携带着包括有关生物生长发育、遗传和变异的全部遗传信息。

根据生物体拥有的染色体组数目不同，可以将它们分为单倍体、二倍体、多倍体。各物种最常见的是二倍体。单倍体只有一套染色体组，二倍体具有两套染色体组，具有 3 套及以上的染色体组可统称为多倍体，香蕉是天然的三倍体，小麦是异源六倍体。无籽西瓜、无籽葡萄是人为创制的三倍体。

我们生活中的主要粮食作物，如水稻、小麦，就是在进化过程中通过染色体的置换、融合、倍增产生的。

第四节
基因的智慧源于自然又"孕育"着自然

在地球演化的历史长河中,复杂多变的自然条件与环境压力,孕育出了生命,推动了基因的衍化;而基因突变、基因重组、染色体变异等又不断推动了原始世界中简单的、少数的物种进化,形成了千姿百态、复杂繁多的现代物种。自然生命从诞生之初,一路走来,历经了沧海桑田,40亿年的生命不断衍化,一些早期的生命已发生改变,甚至销声匿迹,亘古不变的唯有生命遗传信息载体DNA。40亿年来,基因一直助力推动生命的进化,它将自己仅有的4种碱基编码的"生命智慧"讯息通过无限的组合和组装,打造出了拥有万千自然生命的世界。在漫长的演化过程中,生命体内随机发生的基因突变定向保存下来,但随机发生的基因突变不是绝对的,这取决于环境条件。产生了基因突变的不同生物个体对环境适应也许会产生差异,为了适应不同的环境变化,生物体自身会通过产生各种基因变异来应对这些变化,在这个过程中,适应了环境变化的个体会通过繁衍后代将变异的基因保留下来,而不适应的个体则将随同变异的基因一起终结。远古时代一种具五趾的短腿食虫性哺乳动物,为了适应不同环境而演化成当今各种哺乳动物:豹子和羚羊,适应在陆地上奔跑;灵长类生活在树上;鼯猴能滑翔,蝙蝠可以飞翔;鲸和海豚生活于水中。同目同科,甚至同一属的生物中,也可能由于适应不同环境而产生适应进化,如翼手目种类繁多的蝙蝠,有的食花蜜和花粉(如长鼻蝠),有的食昆虫(如菊头蝠、大耳蝠、蹄蝠等),有的则以果实为食(如狐蝠),还有吸血蝠和食鱼

蝠。这些都是将基因变异成功保留的范例，也即达尔文的进化论"物竞天择，适者生存"的直接体现。人类的定向选择也在影响和改变着一些动植物，人们往往按照自己的意愿和需求将好的物种或者品种保留下来，而那些对人类来说，收割、采摘、食用、饲养起来不方便的就会被剔除，慢慢地，优势品种经过种植或养殖、培育、驯化等方式被累积下来，最终成为我们今天所看到的各种生物体。人类正是利用了生殖过程中的各种变异，才培育出符合我们需要的各种品种。深受人们喜爱的各类形态奇异、色彩斑斓的金鱼，其祖先却是貌不惊人的鲫鱼。水稻由有芒的祖先进化到无芒；玉米的祖先大刍草籽粒坚硬且有稃壳包裹，而现代玉米无壳且柔软。这都是人类定向选择的产物，和自然选择一样，它们都是以漫长的时间为代价的，两者共同合作，不断地促进了生物界的进化。

从生命起源和物种演化历程来看，地球上生命的起始点都指向一种原始的单细胞生物，它被称为多细胞生命演化前最后的共同祖先。最早的生物化石能够将生命的历史推到大约35亿年前，是一类被称为蓝藻的类群，进化出能够进行光合作用或固氮作用的特性。最早的维管束植物在4亿年前出现，之后，地球上出现了硬骨鱼类、两栖类和昆虫。由维管束植物发展成的森林也渐渐成片地出现在陆地上。最早的种子植物与爬虫类也在2亿年前出现，地球上的生物越来越多了。

科学家通过在35亿年前的化石（目前已确认的最古老的化石）中采集的生物信息，利用进化树的方法推测出地球上所有细胞生命的祖先，它诞生于39亿年前的某个时期。正如我们所了解的，生命诞生之初大多简单、原始，彼时的基因组信息量很少，基因的智慧主要致力于维持生命和繁衍。从地球发展的历史长河来看，生命随着时间的推移越来越繁荣（抛开由于环境因素导致的物种大灭绝），这似乎与基因组的大小和基因信息的膨胀有着紧密的联系。这颗蔚蓝色的星球，用8亿年打造了一个生命的温床，用2亿年酝酿成了初期生命体，用32亿年实现了生命从海洋向陆地的迁移，用3.3亿年实现了哺乳喂养，用6400万年"创造"了人类，又用了仅仅 20 万年让人类爬上了生物的"顶端",生命的密码"基因"到底在其中发挥了怎样的作用?科学家通过比较基因组研究表明,人类与种在地里的香蕉基因组相似性达到 50%,与水中游的河豚相似性在 67%,与哺乳类的大象相似性达到了 87.9%,与人类的"表亲"大猩猩的相似性更是高达 98%。科学家还发现,人类基因组约有 30 亿个碱基对,人与人之间的差异仅在 1/1000 左右(同卵双胞胎有 50~100 个碱基对的差异,兄弟姐妹之间大约有 1/2000 的差异)。伴随生命数十亿年的基因,仅用小小的差异变化便可带来形色各异的生命变化,也正是这些微小的差异为世界带来了形形色色的人类,表现在身高、肤色、发色、眼睛大小、单双眼皮等的差异,甚至性格的多样性上。这正是基因智慧在生命世界的展现,人类将以基因智慧为师,在不断进步的历程中逐步地认识、解读生命世界,进而用基因智慧"孕育"新生命,造福人类。

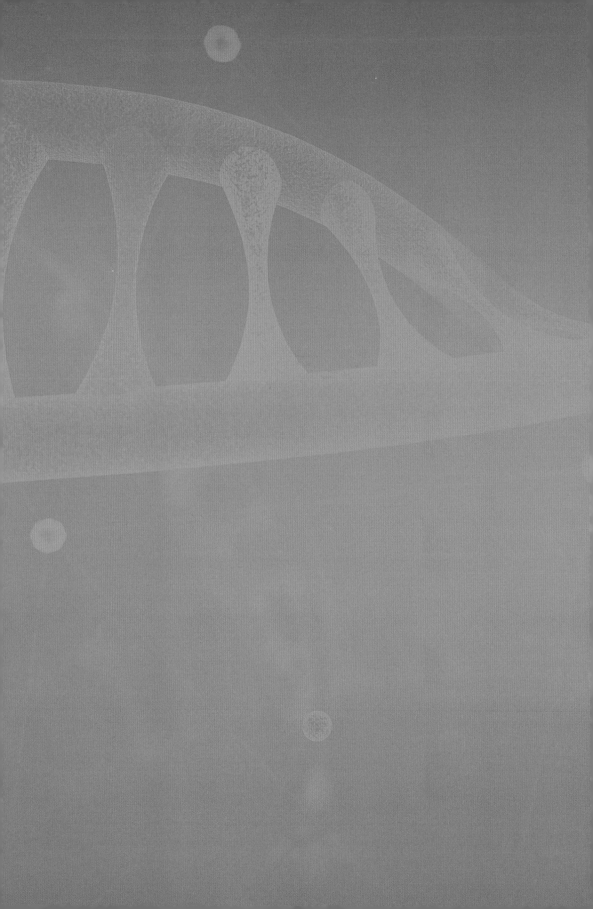

第二章
微生物的基因智慧

　　生命的存在是地球有别于其他星球的最重要的特征，发展和变化也因此成为地球最迷人的主题。虽然一直以来，无论是文学家、科学家或者哲学家，对"生命"都还没有能够有一个真正准确的定义，但生命能够分为动物、植物和微生物 3 大类还是成了人们的共识。亿万年来丰富多样的生物不仅增添了地球的意义，推动了自然界的发展，也成为人类赖以生存和发展的源泉。作为地球上一切生物的前辈，微生物的"智慧"超出了人类的想象。

　　微生物，物如其名，是人类难以用肉眼观察的一切微小生物的统称。微生物包括细菌、病毒、真菌以及少数藻类等。虽个体微小，但微生物与人类的关系却着实"微妙"，可谓相爱相杀，既有"亲人类"的有益一族，也有让人闻风丧胆的有害一类。它们在食品、医药、工农业、环保等诸多领域都与人类有着千丝万缕的关系。

第一节
流感病毒大家族长盛不衰的奥秘

　　流行风尚一向受人追捧，当然，流行性感冒（简称流感）除外。每年冬春时节，最难将息的何止扑面的寒风，还有让人们接二连三头疼脑热、咳嗽流涕的"晚来风急"。我们也常常会听闻疾控部门关于流感季节性流行的报道，于是我们知道，新的季节交替将会在防病、染病和治病中来到我们身边。由于流感是自限性疾病（就是疾病在发生发展到一定程度后能自动停止，并使人体逐渐痊愈的疾病），一般来说，只要护理得当，预后较好，流感也不过就是需要多加注意的日常疾病。但纵观人类历史，也常有流感成为重大疾病的纪录。2009 年暴发的甲型 H1N1 流感（俗称"甲流"）令人刻骨铭心，在那场天灾的笼罩下，全球范围内的感染致死病例在 1.2 万例以上，其影响更是持续了数年。那么，为什么流感会呈现出持续发作的"流行"态势？为什么每个人一生会多次感染，即便接种疫苗也不能完全免疫？又为什么每次流感症状的严重程度会有所不同？要回答这些问题，就必须要从流感病毒说起。

　　引起流行性感冒的流感病毒是典型的正黏病毒科病毒，病毒粒子中的遗传物质是 8 段单链 RNA，可以编码与病毒组装、病毒入侵细胞以及病毒复制等相关的 10~12 种蛋白质。其中，HA 是血凝素蛋白，分布在病毒粒子表面，与病毒侵入细胞有关；NA 是神经氨酸酶，也位于病毒粒子表面，与病毒在细胞中向外释放有关；NP 是病毒核蛋白，是构成核衣壳的主要成分；M1 是基质蛋白，是构成病毒外壳的主要成分。流感病毒大家族成员

种类繁多，分类方法也多种多样：根据 NP 和 M1 抗原性的不同，划分为
A、B、C 和 D 4 种类型，其中 A 型也就是我们所熟知的甲型；根据 HA（目
前发现 18 种）和 NA（目前发现 11 种）的不同，又可以分化出上百种血
清型，比如 2009 年暴发的流感就是 H1N1 血清型；根据感染的宿主不同，
流感病毒又可以分为人流感、禽流感、猪流感等。这 3 种分类方法之间互
有交叉和补充，因此想要弄清楚流感病毒大家族和人体免疫系统之间长期
的博弈，我们需重点关注病毒的 HA 蛋白，可以把 HA 蛋白比喻或想象为
病毒粒子的"头发"。

下面我们就顺着这根"头发"来探寻流感病毒的诸多奥秘。流感病毒
的"头发"——HA 蛋白，均匀分布于病毒粒子表面，是病毒对抗人体免
疫系统的重要的抗原物质。病毒侵入人体后，人体自发开启防御机制，体
内会产生针对 HA 蛋白的抗体，并且免疫系统会产生对该病毒的记忆，将
其归入不受欢迎的"黑名单"，保证以后同一病毒再次入侵时可以及时将
其清除。也就是说，免疫系统的记忆和产生的抗体主要是针对流感病毒的
"头发"的，更确切地说，主要针对的是流感病毒的"发型"——HA 蛋

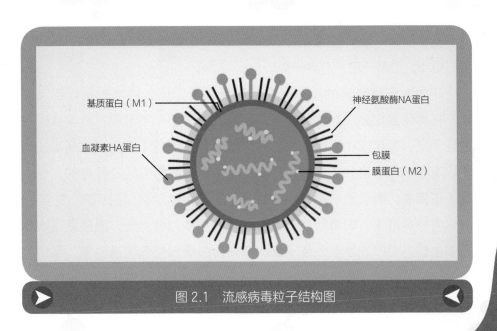

图 2.1　流感病毒粒子结构图

白最外侧抗原决定簇。当然了，流感病毒粒子的其他抗原物质也能引起免疫系统的反应，但是一般反应强度无法达到快速清除病毒以及形成免疫记忆的程度，因此，流感病毒的"发型"在人体免疫反应中是最值得关注的核心"反派"。

我们知道，疫苗在预防流行病中发挥了重要作用，可为什么屡有奇效的疫苗接种在抵抗防卫流感病毒时会失效呢？为什么人们多次感染，也不能产生有效的抗体呢？这就是流感病毒可以成为病毒界一流"杀手"的看家本领。一般情况下，很多其他病毒的重要抗原比较保守，使得人们在一次感染或免疫接种相应疫苗后产生免疫记忆，可以对这种病毒产生长期的防护效应。但当疫苗碰到流感病毒时，这个狡猾的杀手会通过"变身"逃之夭夭。流感病毒的变身绝技就是让抗原随时按需要变异——通过"发型"的不断"变变变"来改头换面，让人很难察觉。因为整个流感病毒大家族中成员太多，大家"发型"各异，甚至"发质""发色"都有区别，免疫系统这次认识了一个小坏蛋，下次它表哥来了，甚至是它自己洗剪吹换个新发型又来了，免疫系统就不一定认得出来，流感病毒屡屡蒙混过关，我们就要痛苦地再经历一次流感。所以，为了最大限度地保护我们免受流感病毒的侵扰，一般流感病毒疫苗每隔一两年就会根据流行毒株的"发型"进行更新。魔高一尺，道高一丈！

作为流行病毒界的重要一员，流感病毒为什么能够在每年都出现呢？它为什么如此"勤快"地专心祸害人类，四季不息呢？科学家的研究结果是，每年规律性出现的流行只能算是小流行（毕竟流感病毒在病毒界可是非常"勤快"啊），仅仅与季节和病毒的小幅变异有关，伤害值还不算高。而且流感病毒也不是每次进入人体都会引起疾病，这与侵入体内的病毒量、病毒致病性以及人体的免疫力等有关。流感最喜欢在冬季出现，实质是冬季气候干燥，多数公共场合空气流通性差，寒冷和室内外温差导致人们免疫力下降。适宜的环境，脆弱的防护，不仅让流感病毒易于攻入人体引发病症，而且也方便了它在人群中传播扩散。同时，由于流感病毒的遗传物质是相对 DNA 而言不太稳定的 RNA，其快速传播的过程中极容易发生变异，从而使得表面 HA 蛋白发生小幅度变异——稍稍换了个"发型"，更方便它移形换位，躲避人体免疫系统的监察。因此，在内外条件都比较有利的情况下，流感在冬季更加容易肆虐。

为什么各次流感的严重程度都有所不同呢？普通随季节流行的毒株一般对人体的危害不会有太大的变化，大家注重保暖防护，感染后及时治疗即可。但严重威胁人们健康的疫情也屡有出现：1917—1919 年，首先在西班牙出现的 H1N1 型流感夺走了将近 1 亿人的生命；1997 年和 2007 年均出现人感染禽流感确诊病例；2008—2009 年，甲型 H1N1 流感在全球蔓延，夺走了全世界上万人的生命。这几次典型的流感病毒暴发疫情无不让人谈之色变。研究得知，流感大规模暴发并伴随重症患者增多，多数是由于流感病毒出现了较大的变异，其致病性、传染性都有所增强，进而传播更迅速、病程更长、病症更重。再深入分析一下禽流感和猪流感这两次影响深、传播面广的重大疫情。原来，流感病毒大家族的众多成员一般都有自己易于感染的宿主，每个病毒都有确定宿主的独特能力，你可以想象它拥有一把针对自己宿主的"钥匙"，更不可思议的是人流感病毒、禽流感病毒所携带的"钥匙"有时可以打开通向猪这一宿主的大门。在宿主猪的体内，就很容易出现人流感病毒、禽流感病毒、猪流感病毒之间的结构重组。如果猪流感病毒在人流感病毒那里获得了新的"钥匙"，那么它就有可能感染人并引起流感暴发。病毒的智慧也不容小觑啊！2008—2009 年暴发的甲型 H1N1 流感，其病毒毒株就是人流感病毒、禽流感病毒和猪流感病毒的重组产物。

流感病毒大家族成员众多，每种毒株的致病性和抵抗免疫系统的能力都有所不同。不过，禽流感病毒对人来说更是防不胜防，因为禽流感病毒中一些毒株的"钥匙"本来就能打开通向人体的大门，又有机会在共同宿主猪体内与其他毒株进行重组。同时，野外的各种飞禽携带

表2.1　甲型流感和对应的宿主

宿主	甲型流感类型
人	H1N1、H2N2、H3N2、H5N1、H5N6、H6N1、H7N9、H10N7、H10N8
猪	H1N1、H2N2、H3N2、H1N7、H2N3、H3N1、H3N3、H3N8、H4N6、H4N8、H5N1、H5N2、H5N6、H7N2、H9N2
马	H3N8、H7N7
鸡	H1-7、H9-11N1-9
狗	H1N1、H3N2、H3N8、H5N1、H5N2
鲸	H1N3、H13N2、H13N9

着大量的流感病毒毒株，它们是禽流感病毒的天然仓库，也是禽流感病毒快速跨地域传播的载体。综合看来，人流感病毒的毒力增强变异、禽流感和猪流感病毒的人源化变异及重组都有可能引起重症流感疫情的暴发。

大致了解了流感病毒和人体免疫系统斗智斗勇的各种奇妙的方法，我们不禁深深感叹自然和生命的博大与神奇，无数更有智慧、更加强大的物种都湮没在流逝的过往，这些渺小的生命，却历经亿万年时间的变迁，一直存活到现在，并且始终富于变化，拥有活力。人类生活在地球上，必然要无时无刻与各种动植物、微生物产生这样那样的联系，虽然流感病毒恰恰是对我们身体有害的一类微生物，但了解它、克服它、最大限度地降低它的危害也将永远是我们的使命。

知之而无畏，面对流感病毒，我们其实也有很好的御敌手段：锻炼身体，规律作息，提高免疫力；冬季缩短在密闭公共场合的逗留时间，家中常通风；及时接种疫苗，预防当下流行病毒毒株。强化己身，永远是对抗敌人的不败良方！当然科学家有更多的使命和责任，他们要为人类找到长效甚至最终的制胜之道：一方面，研制广谱流感疫苗，让免疫系统记住流感病毒的各种特征，从而可以识别多种病毒毒株，更大程度地保护人类的健康；另一方面，研制广谱的禽流感疫苗和猪流感疫苗，在畜禽养殖业广泛推广，最大程度防治畜禽中的流感疫情，保护畜禽养殖业免受流感病毒的侵扰，切断流感病毒重组变异的重要途径，从而保护人类的健康，让"流"感不再流行！

为什么流感病毒能长盛
不衰？——认识流感病毒结构

流感病毒——狡猾的"蘑菇头"

第二节
以塑料为食的超级细菌

　　随着科学技术的不断发展，人类的生活条件不断进步，大量石化产品出现，从汽油、天然气，到尼龙、化纤、沥青，全方位改变着我们的生活。其中，塑料作为我们最常见的石化产品，在我们生活的方方面面都扮演了举足轻重的角色。从食品包装，到农用地膜；从餐盒水杯，到雨衣建材，塑料制品融入人们生活的每一个角落，并随着人类的足迹渗入地球的每一个地方。

　　即便从人类几千年的社会发展史看，塑料也称得上是一种伟大的发明，它容易生产，成本低廉，可塑性强，稳定性良好，拥有着其他材料无法替

代的优秀性能。然而任何事物都有两面性，塑料也被称为人类历史上最糟糕的发明之一，长期使用塑料的过程对人们的生活环境产生了巨大的影响。作为令人深恶痛绝的"白色污染"的主力军，塑料制品中的聚乙烯（PE）、聚丙烯（PP）、聚苯乙烯（PS）、聚氯乙烯（PVC）、聚对苯二甲酸乙二醇酯（PET）等成分很难被自然降解，实验数据表明塑料垃圾在自然环境下分解需要上百年。

除却塑料对环境的巨大危害，其对生物的影响同样触目惊心。塑料的污染常常被陆地、海洋的动物吸收，甚至导致一些动物中毒和死亡。研究还发现，塑料具有吸附重金属和有机污染物的潜力，会通过食物链进入人类体内。微塑料进入人体后，会进一步损伤消化道、影响脂肪等代谢，造成人类食物消化和代谢障碍。

图 2.2　微塑料威胁海洋生物

目前，国内处理塑料垃圾主要有分类回收、掩埋、焚烧等处理方式。根据《中国环境报》的统计，我国每天产生的塑料垃圾超过 35 万吨，各行各业无时无刻不在使用塑料，同时制造塑料垃圾。这些塑料垃圾中的一部分被焚烧处理，伴随着大量的有害气体和未充分燃烧的塑料微粒进入大气，加剧了空气污染（PM$_{2.5}$值爆表的主力军之一）。对塑料垃圾的填埋式处理其实是掩耳盗铃，自我安慰，当大部分塑料垃圾被填埋进土地，只能在漫长的时间里慢慢分解，同时通过地下水系统，源源不断地汇入海洋之中。据统计，每年有大约800万吨塑料进入海洋，按这个速度估算，到2050年时，海洋将不再是鱼类的宜居家园，这样的结局是何等可怕。

图2.3　被塑料垃圾包围的北极熊

虽然人们已经意识到塑料的巨大危害，对塑料污染的关注度也日益提高，开始尝试利用其他材料来代替塑料，各种各样的限塑令也相继出台，但塑料垃圾的数量还是在以相当惊人的速度增长着。相较而言，回收成为较为环保和可行的处理方式。

政府开始出台诸多环境保护的政策和法规，垃圾分类作为现今社会的

热点，走进了人们的视线，并开始与人们的日常生活息息相关。作为可再生物品，回收再利用成为重要的方式。但塑料的种类繁多，成分也各不相同，只有一小部分塑料如牛奶盒、饮料瓶等可以通过工厂的处理再加工，生成新的再生塑料，重新流入我们的生活中。

但请先不要那么悲观，科学技术总是以人类的需求为己任，科学家已经在行动了，一种解决塑料垃圾的新方案正在打破笼罩我们天空的塑料阴霾。

通过筛选高效降解塑料成分的微生物或高活性降解酶来让塑料更容易降解是目前科学家的解题思路。现已相继发现几种能够有效分解塑料的菌株。比如中国科学院的研究人员筛选到了一株能够高效降解聚氨酯塑料的新种真菌——塔宾曲霉菌，可让塑料在两周时明显降解。而日本研究团队发现了一种以聚对苯二甲酸乙二醇酯为能量源的"吃塑料"新种细菌，并将其命名为大阪堺菌（*Ideonella sakaiensis* 201-F6）。聚对苯二甲酸乙二醇酯对大多数化学成分都有较强的抗性，不易被生物降解，研究人员在筛选功能菌株时，利用收集到的聚对苯二甲酸乙二醇酯残骸作为微生物培养环境中的主要碳来源。它们在聚对苯二甲酸乙二醇酯上生长时产生两种水解酶，在降解过程中首先通过聚对苯二甲酸乙二醇酯水解酶（IsPETase）将聚对苯二甲酸乙二醇酯分解为一种中间物质——（2-羟乙基）对苯二甲酸，再利用对苯二甲酸水解酶（IsMHETase）进一步分解中间物质，最终分解成对环境无害的对苯二甲酸和乙二醇。这种超级细菌在30摄氏度的条件下只需要6周就可完全降解一块指甲盖大小的聚对苯二甲酸乙二醇酯薄膜。这项研究成果意味着人类终于有了有力有效的细菌工具清除塑料垃圾。

随着科学家对可降解塑料的微生物不断深入的研究，越来越多看不见的以塑料为食的菌株被人们发现，但是这还远远没有达到解决塑料污染问题的程度。尽管我们已有了一些菌株资源，但野生型菌株降解效率低、主要降解无定形态的聚对苯二甲酸乙二醇酯、难以直接降解塑料废弃物中的结晶态聚对苯二甲酸乙二醇酯，并且大阪堺菌菌株的生物安全性与代谢途径尚不完全清晰，这些都成为限制该菌株工业化应用的因素。研究人员表示，通过基因工程技术把生产两种酶的基因转移到生长速度更快的细菌（如大肠杆菌）中，让它们成为能够饱嗜塑料的"大胃王"将是实现高效快速降解聚对苯二甲酸乙二醇酯的可行之策。因此这两种降解酶相关功能基因的挖掘与利用已成为研究热点。

生物治理固然是缓解白色污染的有效途径之一，但终其根本，我们更应在源头上就减少塑料制品的使用，提高环保意识，从我做起，从身边做起，切实践行"绿水青山就是金山银山"的理念，为环境减轻负担，为人类积累福泽！

第三节
20 世纪伟大的救命神药——青霉素

很多年前《纽约客》（The New Yorker）杂志上曾刊登过一幅漫画。画中两个史前人类在讨论和质疑："我们呼吸着干净的空气，我们喝着无污染的水，我们吃着有机的和野生的食物，但为什么没人能活过 30 岁？"而随着科技的进步，即便有诸多天灾、战争、环境污染等问题，人类的寿命却呈现出持续延长的趋势。该怎样向无辜而迷惑的原始人类解释它们的疑问呢？是什么样的变化促使现代人的寿命远超过去呢？青霉素是主要贡献者之一！很多人此时一定会疑惑了：如今普普通通的青霉素，竟然会是人类延续生命的保障？但真相确是如此。然而，青霉素的发现也是一段充满着曲折的故事！

让我们了解一下这段故事。在青霉素被发现之前，世界经历过第一次世界大战，销烟笼罩下的战场笼罩着浓浓的死亡阴霾，无数士兵在战场阵亡，而更多的士兵死于伤口感染，人们对此却束手无策。日常生活都像一场冒险，由于没有有效的治疗方法，人们只能眼睁睁看着一个个被感染的患者悲惨地死去。直到第二次世界大战期间，一种独特的药被注射进了伤员的体内。几天后，奇迹出现了，高烧伤员逐渐退烧，病情趋于稳定，很快就能出院。也正是这种独特的药，使许多骨折性伤员的伤口不再发炎，也很快出院了。这就是伟大的青霉素，它使众多病菌感染者特别是战场上的无数伤兵，摆脱了之前"听天由命"的凄惨处境。

青霉素的横空出世轰动了欧洲乃至全世界，英国细菌学家亚历山大·弗莱明（Alexander Fleming）正是它的发现者。当各种荣誉涌向弗莱明时，他谦卑而平静地说："噢，青霉素，那是我偶尔发现的。"但其实，青霉素的发现是一个艰难和曲折的过程。

1928 年的夏天特别闷热，没有收拾好杂乱无章的实验室，细菌学教授弗莱明就破例去度假了，这是他多年科研生涯中的第一次。9 月初，度假结束的弗莱明回来了，他跨进离开多日的实验室，当弗莱明检查培养细菌的器皿时，突然惊奇地叫了起来："糟了，长霉菌了！"在这之前，弗莱明曾从患者的脓中提取了金黄色葡萄球菌，放在培养皿中培养，这种细菌他称为"金妖精"，这"金妖精"主要引起化脓性感染，很难对付。弗莱明培养它，就是为了找到能杀死它的方法。此时，他看到培养皿污染而发霉了，弗莱明不但没有灰心扔掉培养皿，反而对这个污染的霉菌产生了兴趣。他拿起培养皿对着亮光，发现了一个奇特的现象：在青绿色的霉花周围出现一个空环——先前生长旺盛的"金妖精"不见了！弗莱明意识到：这种葡萄球菌可能是被某种霉菌杀死了。他赶紧把这只培养皿放到显微镜下观察，发现霉花周围的金黄色葡萄球菌都死掉了。透过厚厚的镜片，这种能杀死"金妖精"的青绿色霉菌静静呈现在弗莱明眼前，全然不知自己将会给世界带来什么样的惊喜。

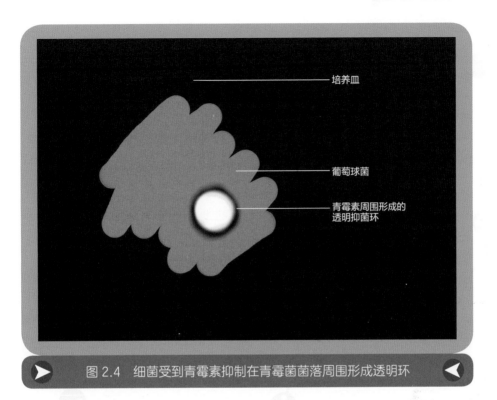

培养皿

葡萄球菌

青霉素周围形成的
透明抑菌环

图 2.4　细菌受到青霉素抑制在青霉菌菌落周围形成透明环

　　随后，他把青绿色霉菌分离出来，然后将其滴到"金妖精"中去。结果，他发现"金妖精"又全部被杀死了。他还发现，"金妖精"每次要和青霉菌"短兵相接"之前，都会"望而却步"——在青霉菌前 2.5 厘米处"安营扎寨"。不仅如此，青绿色的霉花还能杀灭白喉菌、炭疽菌、链球菌和肺炎球菌等。弗莱明将该菌命名为青霉素（Penicillin）。后续科学研究发现，青霉素合成的关键基因由 *pcbAB*、*pcbC*、*pcbDE* 这 3 个基因构成的基因簇组成，而这个基因簇决定了青霉素的生物合成途径。青霉素抗菌机制主要是破坏细菌的细胞壁，因为青霉素分子含有一个有点儿像开瓶器的 β － 内酰胺环，该环状结构跟合成细胞壁的转肽酶简直就是天生一对，有很强的亲和力，见到转肽酶就无法自拔，嵌入转肽酶的肚子里就出不来了。这样会有怎样的结果呢？结果就是细胞壁没有空间搭建自己。因为细胞壁出现漏洞，大量的水会因为细胞里面的高渗透压被"吸"进细胞，一下就

把细胞撑炸了，最终因为环境中的水分过多地渗入，细胞破裂而死。

1928 年，弗莱明在圣玛丽医学院公布了他的发现。但青霉素试用于人体的临床试验遭到拒绝，因此陷入了长期的沉寂之中。并且青霉素提取困难这一难题使其很久都不能翻身。直到英国生化学家钱恩（Ernst Boris, Chain）和英国病理学家弗洛里（Howard Walter Florey）在 1940 年成功大量提取出青霉素之后，青霉素才投入量产。由于青霉素挽救了成千上万患者的生命，而且使人的平均寿命延长了 15 年，于是，弗莱明和钱恩、弗洛里共享 1945 年诺贝尔生理学或医学奖。

作为世纪神药，青霉素促使人们开启了抗生素的研究与应用，在青霉素诞生之后，链霉素、红霉素等抗生素相继问世，人类在战胜感染性疾病方面终于取得了里程碑式的进展。而这些发现的背后，科学家用实际行动告诉了我们：科学领域的新发现往往都有相似的一面，发明和创造的灵感往往就在偶然的一瞬间，只要培养一双善于发现的慧眼，及时捕捉思维的火花，创意的产生就在一瞬间。

▶ 小窗口

目前，人们常说的青霉素类是一类抗生素，包括天然青霉素、耐酶青霉素、广谱青霉素等。青霉素类抗生素包括天然青霉素，如青霉素 G 等；耐酶青霉素，如苯唑青霉素等；广谱青霉素，如氨苄青霉素、悔苄青霉素、羟氨苄青霉素（阿莫西林）等。因其结构中有 β-内酰胺环，故又称为 β-内酰胺类抗生素。青霉素类的作用是干扰细菌细胞壁的合成，而哺乳动物的细胞没有细胞壁，所以青霉素对人体的毒性很低，达到有效杀菌浓度的青霉素对人体细胞几乎无影响。

第四节
食谱独特的噬菌体——精准狙击
超级细菌

宇宙浩瀚，人类穷尽时间不能触及边缘；世界很大，在星河之中亦如尘埃。如果问你，什么是微小到你看不到，但无处不在的？相信很多人听了这句话之后很容易联想到的答案都是细菌，是啊，怎么会有比微小的细菌还小的生命体呢？当然有，给你一个惊喜吧，其实，它也是细菌的天敌，名叫噬菌体，顾名思义，喜食细菌的生命体！

在自然光学显微镜下，我们很容易就能找到细菌的身影，但如果你想要亲眼看一看噬菌体，恐怕就需要利用精密度更高的电子显微镜才能一睹其"真容"了。噬菌体虽然渺小，但生命力顽强，绝对能在地球上排得上号。可以毫不夸张地说："地球上已知的所有生物，只有噬菌体和其宿主细菌做到了真正的无处不在。"科学家推测，这些长度不到 100 纳米的细菌病毒，数量有 10^{32} 种之多。打个比方：如果噬菌体的大小有沙粒那么大，那么它们的总体积会与 1000 个地球相当。

噬菌体如此微小，其发现过程必然艰难曲折。事实上，科学家发现噬菌体的过程充满了挑战、反转和惊喜离奇。1915 年，英国科学家费德里克·威廉·特沃特（Federick William Twort）博士观察到自己培养的葡萄球菌被一种神秘的生物杀死，推测其可能是病毒。1917 年，另一位法国科学家费利克斯·德赫雷尔（Felix D. Herelle）也观察到一种类似的能够杀死细菌并在细菌菌落上形成"透明斑"的未知生物，并将其命名为

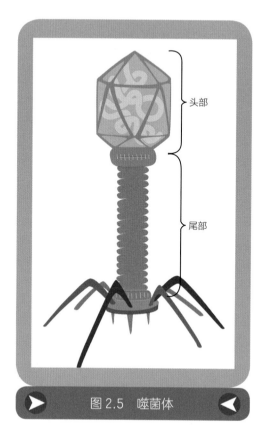

头部

尾部

图 2.5　噬菌体

"Bacteriophage"，即噬菌体。当时，德赫雷尔并没有直接看到这种神秘生物，但他肯定这种生物能够感染和杀死细菌，并能继续繁殖变多。他敏锐地感知到了这种神秘生物的杀伤性以及利用这种特性在病毒研究和治疗领域有可能的无限前景。1919 年，他用从粪便中提取的噬菌体治愈了 4 个痢疾患者。从那时开始，噬菌体治疗细菌感染的大幕被缓缓拉开，至今已有百年历史。然而这种治疗方法却一直"不温不火"，始终未能被广泛认可和应用。究其原因，我们还需从其自身及噬菌特性说起。

噬菌体是已知生物中结构最简单的一种，可分为两大类：烈性噬菌体和温和性噬菌体，其中烈性噬菌体具有更大的利用价值，科学研究也更多地集中于此。其大多数只有蛋白质外壳和简短的核酸。遗传物质为 DNA 或 RNA，通常只能编码少数蛋白质，目前所知，最少的只编码 4 个蛋白，多的则编码几百个。其所拥有的遗传物质虽不包括复制、反转录、转录和翻译等体系所需基因，但已经能够满足自己将遗传物质注入宿主体内。一旦遗传物质进入宿主体内，聪明的"噬菌体基因"就能够利用宿主的各种生物反应体系，完成自身的克隆。该过程可简单分为：吸附、注入、复制合成、组装和释放。噬菌体吸附到细菌表面后，只将遗传物质注入细菌细胞内，然后利用细菌的生物体系复制出自己所需的 DNA 或 RNA 以及外壳蛋白，进而组装成成熟的子代噬菌体，同时合成特异性裂解酶裂解宿主细胞得以释放。一旦裂解完成，宿主细菌则消失得无影无踪。整个感染周期通常在三四十分钟内快速完成，一个感染周期可以释放几百个子代噬菌体，而这些子代则成为噬菌的新生力量。噬菌反应犹如核弹内的"链式反应"，触发只需少量噬菌体，噬菌事件一旦发生，接下来就是生物"核爆"。其线性遗传物质就是引爆"核弹"的"智慧导火索"。

噬菌体及其噬菌周期

噬菌体犹如威力强大的"钻地弹"，能够精准打击，在1919年初次应用于治疗时就取得了良好的效果。有着这样表现良好的"亮相"，噬菌体疗法本应在抗菌这个很有前途的领域一展身手、前程远大。然而，骨感的现实给了丰满的理想一次深刻的挫折教育，究其原因，噬菌体本身具有的宿主特异性是其很大的局限性所在。一种噬菌体往往只能感染一种细菌，甚至是一种细菌中的某几个或某一个菌株。这也就意味着世界上存在着数以亿计的噬菌体种类，想要找到需要的那一种，不是困难，而是非常困难。这种特性导致噬菌体不具有广谱杀菌能力，也就限制了其广泛应用。更令人沮丧的是，就在噬菌体治疗方兴未艾之时的1928年，青霉素被意外发现，更是给了噬菌体研究当头一棒，以至于相关研究沦落到举步维艰的地步。青霉素具有很多噬菌体没有的优点：广谱且疗效显著，比噬菌体更容易获得，能大量生产，而且经过数月的运输也不会坏，堪称"神药"。第二次世界大战期间大显神威，更是拯救了数百万人的性命。抗生素的到来犹如海啸，具有排山倒海之力，让噬菌体在细菌感染治疗的征程"山重水复疑无路"，几乎被扼杀在摇篮之中。到了20世纪40年代，抗生素已经在美国和欧洲大量生产，噬菌体研究便沉寂了。

然而事情的反转来得让人猝不及防，任何事物都有正反两面，抗生素也不例外。由于人类疯狂使用抗生素，超级耐药菌问题变得日益严重。一些耐药菌甚至对目前所有的抗生素耐受，如耐甲氧西林金黄色葡萄球菌、化脓性链球菌、鲍曼不动杆菌、铜绿假单胞菌等。而一旦出现抗生素失效

的情况，噬菌体治疗则成为最后的救命稻草。逆境中方显真章，在这种情况下，噬菌体特异性反而成为优点。此时，广谱杀菌特性不再是必需的，而超级耐药细菌很可能来自单一的菌落，杀菌的专一性则显得更为重要。且噬菌体对超级耐药菌的精准狙击，不会造成患者体内菌群紊乱，成了无可代替的更具安全性的方法。至此，历经了被冷落、被遗忘，经过时间的验证和沉淀，噬菌体治疗再次回到了科研人员的视野。

如今，随着对噬菌体研究的深入，科学家进一步揭示了其特异性噬菌的秘密，这秘密就藏在其遗传物质 DNA/RNA 中。不同噬菌体编码的裂解酶只裂解其宿主菌，对其他菌株没有杀灭作用。科学家通过基因工程的手段将一种噬菌体特异性相关基因整合到另一种噬菌体基因组上，从而就可以使该噬菌体获得更为广泛的噬菌谱。经改造后的噬菌体被称为转基因噬菌体。2019 年，世界上首例接受转基因噬菌体治疗的患者已完全康复。该患者为一名年仅 17 岁的英国女孩——伊莎贝尔·霍萨威（Isabelle Holdaway），因长期患有囊性纤维化不得已接受双肺移植。在接受手术后，一种类似结核分枝杆菌的细菌在她的手术伤口大肆繁殖，并在短时间内感染肝脏、手臂、腿部和臀部，在所到之处的皮肤上形成小块结节。而已知所有的抗生素对这种致病菌都束手无策，伊莎贝尔几乎因为感染这种超级耐药菌危在旦夕。她是不幸的，也是幸运的。偶然的机会，匹兹堡大学的分子遗传学家格雷厄姆·哈特富尔（Graham Hatfull）教授得知了这一情况，拥有 30 多年的噬菌体治疗经验的他带给了伊莎贝尔生的希望，治疗有了转机。他将移除单一基因并获得更高效率的 3 种转基因噬菌体混合物用于伊莎贝尔的感染治疗。6 周后，肝脏扫描显示感染基本消失，堪称医学奇迹。伊莎贝尔也成为世界上首位成功接受转基因噬菌体治疗耐药菌感染的患者。目前，她已经成功从死神手中逃脱，重获新生。

也许获得重生的不仅仅是这位幸运的女孩，还有蒙尘数十年的噬菌体研究。目前来看，漫漫除菌路，胃口独特的噬菌体被用于狙击超级细菌的任务非常艰巨，但未来可期！

第五节
以电为食的细菌——小菜谱有大用处

说起"细菌"，相信很多人都会有些望而生畏，毕竟在人类艰难的生存史上，黑死病的弥漫、霍乱的猖獗已经让"细菌等于疾病"的观念深入人心。但其实万物都有两面性，细菌也会向人类贡献有益的一面。科学家就发现了一种超级神奇的细菌——食电细菌。这种细菌以电为食，这是何等强悍的生命！生物学家发现它们经常生活在岩石或淤泥中，如果你想找到它们，方法其实很简单：在地上插一根电极，输入对它们最具诱惑力的食物——电子，它们就会被吸附到电极上了。

既然被称为细菌，那么食电细菌当然算得上是生物啦！食电细菌展现这神奇技能的法宝是"微生物纳米线"，因为科学家在观察的时候，发现它们中的一部分会长出头发一样的细丝，在细胞和更加广阔的环境中来回运送电子，用一点电液，就足以让微生物纳米线吸引更多岩石和深海泥浆中的电子，以此维持生机。

以电为食听上去虽然很酷、很科幻，但其实食电细菌和其他生命体一样，都必须利用能量生存，只不过它们的能量是电子，也就是那些会产生电流的、带负电荷的微小粒子。

人类的能量来源主要从食物中获取，这些食物在人体细胞中发生的一系列化学反应，在反应过程中会有电子的释放，这些电子遇见自然中的氧气，便与氧气结合，随着氧气在人体中流动。而这些小小的电子不容小觑，它们是生物体内能量转化的关键传递者，只有通过电子传递，生

物体内的物质才能在分解和合成过程中不断产生能量，从而为人体提供能量。这意味着，广袤星球上的生命繁衍过程，无论是小小蚂蚁还是巨大的蓝鲸，都得通过电子的传递找到能量源。如果没有氧气来接收电子，很多高等生物的氧化还原反应便无法进行，地球上数以亿计的生命将面临灭顶之灾。

但在很多低氧的环境中，氧气的含量不足以支撑一些生物的生命过程。生物的进化总是不断去适应环境。食电细菌成功找到了可以替代氧气的其他载体——比如金属氧化物。那食电细菌是如何利用金属氧化物来实现氧气替代的呢？一般湖泊中会有很多的锰元素，而锰遇到氧气容易氧化形成氧化锰，这就使得湖泊中具有较高的氧化锰含量。但是，科学家发现一处湖泊中氧化锰的实际含量没有预期中的那么多，有一部分的氧化锰似乎不见了踪影。这些氧化锰是如何"凭空消失"的呢？科学家通过实验，发现了其中的奥秘——原来是一种叫希瓦氏菌的微小细菌将氧化锰还原成了锰，使得湖泊中的氧化锰含量降低。这种细菌充分遵从并践行了"适者生存"的生命进化法则，当环境中氧气充足时，它们就直接利用氧气来进行氧化还原反应，并在反应过程中产生电子，在电子传递的过程中实现能量供给。但是，在湖泊、泥淖等氧气稀少的环境中，希瓦氏菌没有了充足的氧气来源，无法再通过传统的方式来实现供能。于是，它们转换了生存法则，希瓦氏菌以有机碳水化合物为食，并将反应过程中产生的电子传递给了湖泊中的氧化锰，将氧化锰还原为锰，并利用氧化还原过程中获得的氧气。希瓦氏菌这一身本领不仅在自然环境中存在，在实验室中也可以大放光彩。将希瓦氏菌放到其他金属或者矿物表面，它也可以将其他金属氧化物进行还原，并产生电流。于是，科学家便开始了对这种"神奇生物"——希瓦氏菌的研究。

科学家通过显微镜对希瓦氏菌进行观察，发现希瓦氏菌的外膜有一些微小的菌丝，就像它们长出的"头发"一样。科学家把这些菌丝进行脱水处理后，发现它们居然具有导电的功能！于是，科学家就对这些具有导电功能的"头发"展开了进一步的研究。原来这些"头发"一样的菌丝是希瓦氏菌产生的一种蛋白微丝，科学家将其称为"微生物纳米线"。经过进一步的研究，科学家发现，不仅希瓦氏菌具有这样的"微生物纳米线"，可以用来"吃电子"，自然界中还有其他的微生物也有这样的本领，比如，硫还原地杆菌和奥奈达湖杆菌。经过研究，科学家已经找到了这些"微生物纳米线"的编码基因，硫还原地杆菌的利用细胞色素系统 OMCs（由 *Omcb*、*Omcc*、*OmcS* 和 *OmcZ* 基因编码）将胞内电子传到胞外，而奥奈达湖杆菌利用醌类系统将电子传到 CymA 或 TorC，从而使两种细菌之间形成纳米"电线"，彼此之间传递电子，提供能量，在完全没有其他食物和能源的情况下，仅仅靠电能就能生存。

通过深入研究，科学家发现这些食电细菌本领大有用途，不仅可以通过吃"电"来维生，还可以用这种本领造福环境，可谓本领高强。它们能将有毒废物、泄漏的石油和核废料等污染物中的电子吃掉，从而将石油中的有机化合物转化为二氧化碳，进而减少石油污染，在满足自身能量摄取的同时，造福了环境。食电细菌在保证生存的同时，创造了更多价值，为清理废弃物、减少污染物做出了自己的贡献。

第六节
Hello！细菌也会"打电话"

通信似乎是一个只与人类有关的词汇，人类自从有了语言和文字后便有了通信，通信历史几乎和人类历史一样久远。

近代以来，随着科学技术的发展，人类的通信方式发生了翻天覆地的

变化，通信器材也多种多样，那你知道比人类体积微小得多的细菌之间会有信息通信吗？你知道相隔两地的细菌是怎么通信的吗？如果它们之间也会通过"打电话"来沟通信息，你会不会觉得很诧异？

细菌在我们普通人眼里，常常被认为是一类"低等"的单细胞生物，生存方式非常简单。然而，现代微生物学研究改变了这一错误的看法，科学家发现细菌具有许多和高等生物类似的特性。比如在信号通信这个事关自身生死存亡的关键问题上，细菌也有非常出人意料的"通信行为"。

科学研究发现，细菌不仅能感知环境刺激，而且不同细菌个体之间能利用化合物作为分子"语言"进行细胞间的通信（即群体感应），通过感知同种生物的存在及种群大小，在寄主感染、自由生存和逆境适应过程中进行相互交流和协作，表现出明显的群体性。

美国生物学家通过一系列实验证明了细菌之间的电子通信是真实存在的。

来自加州大学圣地亚哥分校的科学家发现了一个有趣的现象。在实验中他们观察到，一个群落中的细菌会给远处的细菌发送远程的电子信号，召唤远处的"朋友们"到它们的"部落"里定居，壮大自己。科学家实验中使用了一种叫作"枯草芽孢杆菌"的细菌，他们把枯草芽孢杆菌放到一个专门的"房间"中，在已经形成"生物膜"的菌落中，枯草芽孢杆菌会不断发出钾离子电信号，召唤在"房间"另一头的铜绿假单胞菌："来吧，到我们这里来。"该项目研究者发现，细菌生物膜群落能够通过电信号积极地调节不同细菌物种间的运动行为。通过这种方式，生物膜中的细菌能够对距离较远的细菌的行为实施远程动态控制，这种细菌之间的通信方式，其实更类似于人脑神经元采用的电信号传递方法。

或许很多人都会感到不解，大脑应该是人体最复杂精密的器官，被誉为人体进化的最高杰作，细菌则是一些低等的个体，它们之间似乎有云泥之别，怎么可能拥有类似的通信方式呢？2015年10月《自然》（Nature）杂志上发表了一项重要研究的结果，该研究证实了细菌间相互通信的机制与人类大脑的信息传递方式非常相似。在这项研究中，科学家发现，人类由代谢压力触发的神经疾病，可能与细菌有一定的渊源。因为生物膜的远距离电信号传导是通过钾离子实现的，钾离子扩散波协调着内部和外部细菌的代谢活性。一旦去除细菌的钾离子通道，生物膜的电信号传导就无法进行。

研究发现，这种细菌通信机制与人类大脑的皮层扩散性抑制惊人地相似，而皮层扩散性抑制被认为与偏头疼和癫痫有关。"跟我们大脑中的神经元一样，细菌也通过离子通道介导的电信号彼此交流，"科学家解释道，"生物膜里的细菌群体像一个'细菌大脑'一样运作。"这项研究给这类疾病的治疗提供了一个新的角度和思路。

细菌通信研究在癌症治疗中也表现出令人期待的前景。癌症对于人类来说是一种危险的疾病，癌细胞在成功感染人体之后会向其他部位开始转移。在感染人体期间，病毒之间释放一种可以互相"对话"的分子，来进行信息交流，可能会传递着类似于"这里的细胞比较虚弱，快来这里感染吧"的信息。

因此，科学家在想，如果我们可以阻断这种交流，是否可以延缓甚至阻止癌细胞的转移呢？来自美国密苏里大学的研究人员发现，有一种细菌独有的"通信系统"信号分子，如果把这种"停止扩散"信号分子引入细菌的通信系统中，可以被用于阻止癌症扩散，甚至能够依照科学家发出的特殊指令有效杀死恶性肿瘤细胞。这是一个令人十分振奋的科学发现。

为了更好地生存，细菌微小的个体之间，进化出了属于它们的通信方式。科学家通过严谨的科学实验逐渐揭开了细菌之间的通信秘密，这些研究结果在疾病治疗等领域逐渐显示出重要性，也让我们对这一领域的未来产生了极大兴趣和期望。这些发现可以让人类更加了解细菌之间的互动方式，从而在未来开发出新的控制细菌行为的方法。

让我们大胆地畅想一下：也许有一天，当人类某一个器官被细菌感染，科学家只需要"打一个电话"给目标位置的细菌，就可以让它们乖乖地自我解散，从而消除威胁。

第七节
"我不是坏细菌"——大肠杆菌
有话说

元代剧作家关汉卿最具代表性的元曲著作是《窦娥冤》，作品艺术性丰富，人物形象突出，窦娥更是成为深受不白之冤而不轻易屈服的代表。由此，当人们觉得被人误解，倍感委屈时，总不由感叹："我比窦娥还冤啊！"而一直以来，有种细菌却总是被人们冤枉，它就是大肠杆菌（*Escherichia Coli*）。

剧情的发展是这样的。情景一，某人忽然肚痛如绞，身边的人对他关怀备至，"吃坏肚子了吧？一定是感染大肠杆菌了！得吃药！"情景二，某人又拉肚子了，愤懑地开始找药，还嘀咕着"哪一种药能治大肠杆菌"。

你们可知，被当成罪魁祸首的大肠杆菌已经忍耐不住了，它有话要说啊！

作为肠道菌群中的最主要且数量最多的细菌，大肠杆菌已经陪伴人和许多动物几千年了，直到 19 世纪 80 年代，人们才真正知道它的存在，在 20 世纪之前，大肠杆菌还被认为是非致病菌。但到了如今，人只要一拉肚子，大肠杆菌就要背上致病的黑锅，这实在是人们的误解。当然，有理须得有据，让科学来告诉大家事实真相吧。

大肠杆菌有一个洋气的学名叫"埃希氏菌属大肠埃希氏菌"，是一种革兰氏阴性短杆菌。可能有人会问，大肠杆菌为什么会在人们体内，是何

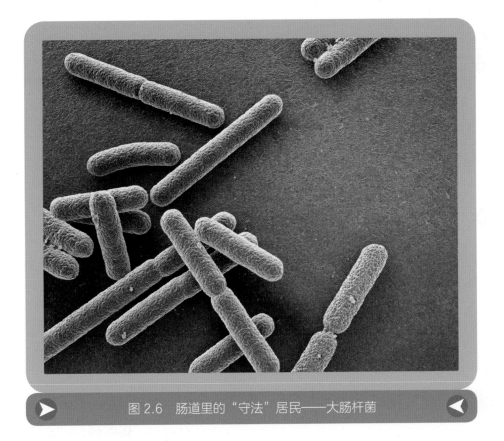

图 2.6　肠道里的"守法"居民——大肠杆菌

时，又是怎样进入人体的？

答案是这样的，新生儿在出生几个小时后，大肠杆菌就通过人类自身的吞咽动作悄悄地进入新生儿的肠道，并会与人终身相伴，安分守己，互利共生。大肠杆菌属于大肠肠道里的"消费者"，完成使命后随着粪便排出；来到了人体外，它的身份转瞬又变成了"分解者"。而新的大肠杆菌又会在体内生出，完成新一轮的使命。所以在生态系统中，它时刻切换着身份去改变这个世界，为人类做出自己的贡献。如你所见，大肠杆菌不仅不是人体内的"危险分子"，反而是尽职尽责的"守法公民"！

安居乐业，肠道里的"有用"帮手

当大肠杆菌暴露于非致死的酸性条件下时，会诱导多种耐酸系统（Acid Resistant Systems，ARs）相关基因的表达，如葡萄糖－阻碍耐酸系统（AR1）、氨基酸（谷氨酸、精氨酸、谷氨酰胺）依赖型耐酸系统。其中谷氨酸依赖型耐酸系统是最有效的耐酸系统。

科研人员发现了其体内的耐酸奥秘，其中有 3 个关键基因 gadA、gadB、gadC 的缺失都会显著影响大肠杆菌在 pH 值只有 2~3 时的存活率，这 3 个基因所表达的谷氨酸脱羧酶同工酶 GadA、GadB 和氨基酸转运蛋白 GadC 共同作用发挥着消耗入侵细胞内质子（H+）的作用，从而减少因为环境低 pH 值而导致细胞内 pH 值降低的胁迫。也有研究发现在酸性条件下，以上 3 个基因表达均显著上调，增加了大肠杆菌的耐酸能力，可以让其在肠道里无忧无虑地栖息生存。

除了谷氨酸依赖型耐酸系统（AR4），大肠杆菌还有别的绝招——谷氨酰胺依赖型耐酸系统。其体内有 2 个谷氨酰胺酶基因 ybaS 和 yneH，可是诱导它们表达谷氨酰胺酶的条件是不一样的。聪明的科学家分别构建了 ybaS 和 yneH 基因的缺陷菌株，发现谷氨酰胺酶在接近中性条件下发挥作用，而在 pH 值不大于 6.0 时，ybaS 对谷氨酸依赖型耐酸系统起无可替代的作用。另外，酶促反应的产物谷氨酸能够在同工酶 GadA、GadB 的作用下脱羧，形成谷氨酸脱羧作用耐酸系统。谷氨酰胺酶促反应结合谷氨酸脱羧反应能消耗 2 份质子，发挥更加强大的耐酸能力，有效保障菌体在酸性环境的生存。

消耗了大量营养的大肠杆菌也不是光吃饭不干活，它可以抑制肠道内分解蛋白质的微生物生长，减少蛋白质分解产物对人体的危害，还能合成维生素 B 和维生素 K 供给人体使用，正常肠道环境下它可是从不捣乱。

以菌治菌，肠道里的守护"卫士"

英国诺丁汉大学生物科学分子中心的研究发现，通过菌体质粒序列转录翻译而来的"细菌素"（大肠杆菌素）是一种能够杀死其他细菌菌株的物质，且大肠杆菌素 A 能够有针对性地结合到另一个细胞蛋白（TolA）上创建一个新的"特洛伊木马"武器（大肠杆菌素 A 与 TolA 能够在一个相对较小的空间相互作用，且这种相互作用比较稳定），最终从内部杀死细菌细胞。

现如今，抗生素的滥用导致很多细菌的耐药性越来越强，也包括大肠杆菌。其家族很庞大，有 150 多个家庭成员，其中 90% 以上是对人体有帮助的，只有少数是不守规矩的，这些少数"害群之马"的存在，就毁坏了大肠杆菌的整体声誉，大肠杆菌确实觉得很受伤啊！未来的日子里，利用细菌的毒性来防治其他细菌的病害是重要的研究发展方向，相信科研人员一定会发现大肠杆菌身上更多对人类有帮助、有益处的秘密。让大肠杆菌发挥更多的作用，守护人们的肠道健康！

它本无辜，查大肠杆菌不是因为它坏

可能有人会问：为什么新闻和网络上经常会说某食品大肠杆菌数量严重超标？其实检查大肠杆菌，是因为其在粪便里含量最多，容易检查。要知道粪便里除了大肠杆菌还含有大量其他有害细菌，像乙型肝炎等很多传染性疾病也能通过粪便传播。所以科学家用检查大肠杆菌是否超标的方法来判断食品、餐具以及环境等是否被粪便污染，其真正目的是防那些有害病菌。

综上所述，只要人类注意饮食卫生，作息规律，慎用抗生素（过多使用抗生素易导致肠道菌群失调），保持良好的心情，致病性大肠杆菌就无从下手，无法威胁人类的生命健康。现在，你消除对大肠杆菌的偏见了吗？

"我不是坏细菌！"这是大肠杆菌的抗辩，也是科学家研究大肠杆菌得到的结论。正视大肠杆菌，也许还能发现它更多的闪光点！

第八节
逆转录病毒是"魔鬼"还是"天使"？

　　说到病毒，可能很多人会心惊胆战。的确，不管对于人类还是动植物来说，病毒都具有非常强大的杀伤力和致命性。生物学上，病毒是由一个核酸分子即 DNA 或 RNA 与蛋白质构成的非细胞生物体，有球状、杆状及蝌蚪状病毒等多种类型。尽管病毒没有成形的细胞结构，却有着顽强的生命力，病毒如此强悍的主要原因之一就是它拥有一个强悍的生存技能——寄生！能够寄生在其他活的宿主细胞内，依靠宿主细胞的能量和代谢系统来无限获取自身生命活动所需的物质和能量，但只要离开宿主细胞，它便什么都不是了，不再有生命活动，不再有感染和杀伤力，实在是一种非常"厚脸皮"的生物！

　　既然病毒的核酸分子有 DNA 和 RNA 之分，那么我们在本节内容中就先来了解一下 RNA 病毒的一种——逆转录病毒。逆转录病毒又称反转录病毒，包含两条相同的单链 RNA，其两端是长末端重复序列（Long Terminal Repeat，LTR），内含启动子、整合信息元件等，能够调控病毒的表达。与其他 RNA 病毒有所不同，逆转录病毒的 RNA 无法自我复制，它很聪明，一旦进入宿主细胞，就会将 RNA 逆转录成为 DNA，即将遗传信息从 RNA 传递给 DNA，DNA 拖着长长的双链再伺机整合到宿主细胞的染色体 DNA 上。至此，宿主细胞已开始被侵袭，之后，逆转录病毒会建立一套完整的感染系统，长久地居住于宿主细胞中进行肆意破坏，而且，它会随着宿主细胞的分裂遗传给子代细胞，继续对其进行攻击。

像我们所熟知的人类免疫缺陷病毒（Human Immunodeficiency Virus，HIV），就是一种逆转录病毒，可导致获得性免疫缺陷综合征（Acquired Immunodeficiency Syndrome，AIDS），即艾滋病。它的分子上包含了多种类型的复杂蛋白，比如调控蛋白、辅助蛋白等，每一种蛋白都各司其职，发挥着不可或缺的作用，这也就注定了人类免疫缺陷病毒拥有强大、不可逆转的攻击性和破坏力。人类免疫缺陷病毒的主要攻击对象是人体的 T 淋巴细胞系统，原因是 T 淋巴细胞系统中含有 CD4 分子，它是人类免疫缺陷病毒的特异性受体蛋白，当病毒进入人体后，能够快速地识别出这种蛋白并通过病毒囊膜蛋白 gp120 与之结合，在另一种病毒调控蛋白基因 $gp41$ 的疏水作用下使这种融合细胞大量溶解，最终造成细胞死亡，免疫系统受到致病性破坏。当然，这只是对人类免疫缺陷病毒致病机制的可能解释之一，真正的原因目前尚不清楚。另外，病毒基因组中的 TaT 基因编码蛋白可与长末端重复序列结合，使病毒基因的转录大大增加；gag 基因编码的蛋白能够保护 RNA 不受外界核酸酶的破坏。Pol 基因编码蛋白均为病毒增殖所必需。人类免疫缺陷病毒不仅"狠毒"，还"狡猾"，有研究发现，它的攻击对象似乎不仅限于 CD4 分子，可能还会与体内大量的其他细胞相互作用去逃避人体自身的免疫保护机制，从而导致人患上艾滋病。

另外，目前已知的较为著名的逆转录病毒还包括乙型肝炎病毒（Hepatitis B Virus，HBV），人类嗜 T 细胞病毒（Human T-cell Lymphotropic Virus，HTLV，可诱发 T 细胞白血病及淋巴癌），劳斯肉瘤病毒（Rous Sarcoma Virus，RSV）等，这些病毒感染人体后都会通过表面受体去识别并附着在健康细胞表面，再展开大规模的攻击行动，导致人体患上各种难以治疗的疾病。

逆转录病毒劣迹斑斑，几乎可以认定这就是一类生物界的小魔鬼，一无是处，受人鄙视。但其实不然，这样的"魔鬼"也有它"天使"的一面！在自然界中，逆转录病毒一直在进化，在保留某些特征的同时，也发

展出具有不同性质的新特征，显然也是一个多面手。

逆转录病毒自身所携带的蛋白的特点，使得它成为一种天然的遗传信息的载体，能够携带外源基因稳定地整合到宿主细胞的染色体上，促使其大量表达目的蛋白，创造出人们所需要的细胞及生物体。科学家在构建逆转录病毒载体时，往往会将其编码自身蛋白的基因 *Gag*、*Pol*、*Env* 删除，插入新的外源基因，这样，外源基因便在病毒调控因子的影响下进行复制、转录、表达等一系列活动，而自身蛋白并不会再出现，例如逆转录病毒介导的转基因鸡就是科学家利用马传染性贫血病毒作为载体，将半乳糖苷酶基因 *LacZ* 插入其载体，成功整合到鸡基因组上，最终获得了营养价值高、抗病能力强的转基因鸡。除此之外，科学家还利用逆转录病毒载体创造出了转基因猪、转基因牛等。

除了这些外来感染性逆转录病毒，其实，人体自身还存在大约 8% 的内源性逆转录病毒，但由于它们是长期突变积累，形成的病毒基因组并不完整，所以不会像外来病毒那样感染人体，相反，它们可能在人类的进化过程中起着重要的作用。比如，有研究发现，内源性逆转录病毒基因家族成员 *Env* 基因编码一种 syncytin1 蛋白，这种蛋白可以促进人胚盘中最重要的屏障合胞体滋养层细胞的融合，帮助胚盘正常发育；逆转录病毒基因似乎还能帮助大脑完成一些复杂网络的构建以及一些重要蛋白质的表达，使人变得聪明，避免罹患神经性疾病；人类唾液淀粉酶的特异性表达是由一个新的内源性逆转录病毒基因家族成员 *Erva1C* 插入控制的，它可能帮助我们的祖先从以果为主的饮食习惯转向以含淀粉食物为主的饮食习惯。

是"魔鬼"还是"天使"，针对不同的情况就有不同的界定。当操纵的主导权掌握在科学家手里时，逆转录病毒应用的前景依然可期！

第九节
新晋"淘金者"——代尔夫特食酸菌

　　金是一种非常珍贵和重要的金属，不仅是首饰和装饰品的重要材料，更是用于储备和投资的特殊通货。同时，由于其拥有良好的延展性、可锻性、传热性、导电性以及异常稳定的化学性能，在高尖端电子工业、现代通信、航天航空业领域的应用极其广泛。

　　自古以来，金被视为高贵的象征，因其稀有的特性引发了人们对其近乎疯狂的追求。执着于炼金术的人中不乏一些知名的大科学家，他们精通数学、物理、自然科学甚至医学等重要学科。甚至连发现了人类历史上第一个科学定律的罗伯特·波义耳（Robert Boyle）以及提出了著名三定律的大科学家艾萨克·牛顿（Isaac Newton）都是炼金术的狂热研究者。但是由于前人的元素知识匮乏，各种各样期待点石成金的炼金术尝试都以失败告终。

　　金作为一种珍贵的不可再生资源，加上它稳定的化学性能，各国科学家对将其回收的技术都有较深入的研究和探索。现在主流的回收黄金的方法主要有物理方法以及化学方法，物理方法采用高温煅烧，将金镀层从废旧电子元件表面剥离，此方法的特点是环保低污染，但是由于高温煅烧需要能源，所以效率相对较低。化学方法则是用专业的黄金退镀药剂对黄金进行溶解，形成金离子络合物，用电镀法将溶液还原，再经一步步纯化，从而回收单体金。

　　那么，有没有更好的方法来回收废旧黄金呢？答案是肯定的。加拿

大汉密尔顿市麦克马斯特大学的科学家发现了一种能把金离子转变为金纳米粒子的细菌——代尔夫特食酸菌，他们将其应用于黄金冶炼，即从开采金矿的废水中提炼黄金，简便、高效又环保，堪称现代版的"炼金术"啊！

科学家通过研究得知，微生物通过分泌次级代谢产物来帮助自己生存。微生物代谢产物的多样性使得微生物几乎可在地球上的所有表面生存。通常，这些次级代谢途径和分泌产物的产生，与增强微生物适应和克服环境压力的能力密不可分，微生物的工业应用价值也常由此产生。金属离子是微生物的重要生存环境条件之一，某些离子（如铁离子）能满足和促进微生物的生长，而其他一些离子（如汞离子、金离子）则会抑制微生物生长。科学家报告说，他们在代尔夫特食酸菌周围观察到了黑色暗带，经实验鉴别，这种黑色暗带是金纳米粒子。这种次级代谢产物会在细胞质内生物积累惰性金纳米颗粒，以保护自身免受可溶性金的污染，是细菌自身防卫的一种表现。这一发现首次证明该细菌分泌的代谢物可使金离子发生生物矿化。随后麦克马斯特大学的科学家研究了代尔夫特食酸菌的基因组，试图寻找出作用于生物矿化的小分子生物合成途径，并分析与其相关的基因。最终确定了候选的基因簇（称为 *Daci_4753 - 4759* 或 *del* 簇），它在这些生物合成基因的上游，是一个三重重金属外排泵，参与金排毒。下游基因与结合铁的金属基团（铁基团）有关。为了揭示 *del* 簇是否与观察到的金沉淀有关，科学家构建了相关基因失活的突变体，将得到的突变体菌株在可溶性金培养基中培养。经观察发现，与野生型代尔夫特食酸菌不同，突变体菌株不足以产生黑化暗带区，也就是不产生金离子的生物矿化，没有形成惰性金纳米颗粒。由此科学家初步证明了该基因簇可能是代尔夫特食酸菌能够进行金生物矿化的关键基因簇。

最终研究人员结合基因组测序、代谢物检测和生物信息分析后发现，能将金离子聚集在一起使其失去毒性并生成纳米金的分子名为肽类代尔夫肌动蛋白A。这种蛋白分子能与金离子反应，使该细菌适应金矿表面这种特殊的生存环境。

澳大利亚阿德雷德大学的环境微生物学家法兰克·理斯表示，代尔夫特食酸菌及其功能蛋白分子可被用于从开采金矿产生的废水中提炼黄金，进行回收。不仅如此，目前，生物冶金也已成为矿产业的新发展方向，相比成本高、效率低和污染大的传统冶炼方法，生物冶金不仅能够高效利用一些表外矿、贫矿和尾矿，还可以

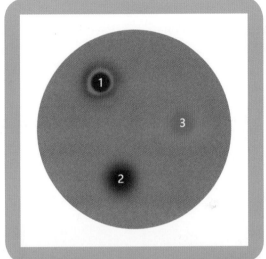

图 2.7　代尔夫特食酸菌培养菌株示意图

图中 1 为野生代尔夫特食酸菌，在可溶性金培养基中培养后，菌株周围有黑色暗带；2 为突变体菌株，培养后菌株周围无黑色暗带；3 为其他菌株。

大幅度减少煤油消耗和废气废水排放，应用潜力巨大。但是新工艺尚处于发展中，并不完全成熟，还需克服像菌株环境适应性差、反应速度慢和对矿石中有毒金属离子耐受性差等实际生产应用中的瓶颈和局限。因此，科学家也在研究使用基因工程的方法，对菌株进行改良，以期获得性能更加优良的菌株。虽然个体微小，但微生物着实本领强、用途广，涵盖了与人类息息相关的诸多有益领域，甚至能够跨界，在"淘金"领域也开始大展雄才，相信有代尔夫特食酸菌这个"淘金者"给我们的启发，微生物的新功能、新本领将会为人类未来的生活带来更多的可能吧！

第十节
苏云金芽孢杆菌精准杀虫的秘密武器

　　同处一个地球、共享一个世界，昆虫与人，可谓亦敌亦友、相爱相杀。在优雅的文人墨客笔下，这些小精灵既能姿态蹁跹——"穿花蛱蝶深深见，点水蜻蜓款款飞"，也能让诗人寄托哀情——"西陆蝉声唱，南冠客思深"；在朴实的劳动人民眼中，昆虫可食用，可入药，可以帮助预测天气变化，记录时节特性，也是实实在在的小帮手。昆虫可以让人受益受惠，自然也能让人头疼苦恼。小到蚊虫叮咬，蟑螂光顾，大到田间虫害，让庄稼颗粒无收。据联合国粮农组织估计，每年植物病害给全球经济造成的损失超过2200亿美元，另外，每年有多达40%的全球作物产量因虫害而损失，造成的损失至少为700亿美元，实在是损失极大。

　　对于无害及有益的昆虫，人类当然悉心呵护，给予春天般的温暖。但对于那些以破坏农作物为毕生使命的小敌人，人类也从未停止打击斗争的进程。特别是在20世纪，人类挥舞有史以来最强大的抗虫武器——化学杀虫剂，在人虫大战中取得空前战果。化学杀虫剂种类丰富，剂型多样，杀虫谱广，直至今日，依旧是人类对抗害虫的重要法宝。可随着农药的无节制使用，各种问题也随之凸显。首先，害虫为了能在杀虫剂的"枪林弹雨"中求得一线生机，抗药能力迅速进化，使得农药杀虫能力大打折扣。其次，人类亲选的化学杀虫剂还经常误伤自己、同伴及周围的环境：施用后，农药的有机溶剂和部分农药会飘浮在空气中，污染大气；残留在果蔬上，人类摄入后可能致病；农田被雨水冲刷后，残留农药随之进入江河，进而污染海洋；土壤中的农药残留甚至会通过渗透到达地层深处，污染地下水。最后，大范围地使用杀虫剂，害虫的天敌也一并遭殃，天敌减少，破坏了生态平衡，使过去未构成严重危害的病虫害更加频繁，大概害虫也在拍手叫好吧。

所谓成也萧何，败也萧何。对人类而言，使用化学农药苦乐参半，甚至已经有了苦味渐浓的趋势。那么有没有只杀害虫，不会误伤其他生物，又对环境友好的杀虫剂呢？大自然的宝库从未让人类失望过，一系列可以防虫的活的生物体为人类开启了另一扇防虫的大门，苏云金芽孢杆菌（*Bacillus thuringiensis*，Bt）就是其中的佼佼者。

苏云金芽孢杆菌的发现过程可以说是一波三折。1901 年，日本科学家石渡发现，一种家蚕在病死前会突然停止进食，全身颤抖，很快死亡。他通过解剖发现是家蚕肠道糜烂所致，分析原因应为细菌感染，但遗憾的是当时并未保存致病菌，这个"小小"的失误使得人们的抗虫历程延长了10 年。

1911 年，在德国苏云金地区的一座面粉厂里，老板发现专门危害面粉的一种昆虫幼虫大量死亡，他担心是面粉出了问题，于是连忙将面粉和死去的幼虫送给科学家贝尔奈（Ernst Berliner）检测。检测结果很是出人意料，面粉还是当初的面粉，害虫却不是原来的害虫了。原来这种幼虫叫地中海粉斑螟，他们是被一种芽孢杆菌感染而死亡。贝尔奈将它定名为苏云金芽孢杆菌。

这种神奇的细菌很快风行起来，1938 年，法国人首次将苏云金芽孢杆菌溶于水，作为农药喷洒鳞翅目害虫，收效显著。

1956 年，科学家发现苏云金芽孢杆菌的杀虫利器是伴随细菌产生的一种晶体蛋白，就像河蚌中产生的珍珠，但这种晶体蛋白却比珍珠更有用，可以用它制成比单纯的苏云金芽孢杆菌溶剂更加稳定、杀虫效率也更高的蛋白农药。

授人以鱼不如授人以渔，与其定期喷洒苏云金芽孢杆菌蛋白，不如让

作物本身不断产生苏云金芽孢杆菌蛋白，长效抗虫。现代分子生物学技术的发展让设想变成现实。1981 年，科学家首次将苏云金芽孢杆菌蛋白基因进行分离克隆，至此，对这种神奇细菌的研究进入了分子水平的层面。1988 年，孟山都公司将苏云金芽孢杆菌蛋白基因转入棉花中，获得了第一批转基因抗虫棉，实现了让作物自己产生苏云金芽孢杆菌蛋白的构想。这种人类意外获得的神奇生物，是不是自然界中的异类，对人类是否安全呢？

苏云金芽孢杆菌是一种广泛存在于土壤、水、昆虫尸体、树叶等介质中的常见微生物。能够产生多种具有杀虫功效的蛋白晶体，最著名的是由 *cry* 基因及 *cyt* 基因编码的一类杀虫晶体蛋白 IPCs，它们是苏云金芽孢杆菌杀虫晶体蛋白的主力军，目前科学家已经获得了超过 700 种的 IPCs 杀虫晶体蛋白。苏云金芽孢杆菌杀虫晶体蛋白对鳞翅目、鞘翅目、双翅目等 10 个目的 500 多种昆虫均有特异性毒性，而对蜜蜂（膜翅目）、蝉（半翅目）等无害，更不危害鱼、鸟、动物以及人类。这些晶体蛋白子弹极具特异性，精确打击害虫目标，可谓是防虫利器啊！

让我们来完整观摩一下这个狙击过程：当苏云金芽孢杆菌蛋白被害虫取食后，在昆虫的碱性（pH 值为 11~12）肠道中，完成最重要的一次降解，产生原毒素，在中肠内酶系统的作用下，释放出活性毒素；这些探测小能手找到中肠上特异性的受体位点并且与之结合，进而产生毒杀作用；最终，肠道细胞内的电解质平衡被破坏，导致昆虫无法进食，活活饿死。

这种死法实在惨烈无比，是不是感觉头皮发麻，直冒冷汗？那苏云金芽孢杆菌蛋白进了人的肚子里不就更糟了？其实完全不用担心，苏云金芽孢杆菌蛋白与其说是一种超级精确的杀虫武器，不如说是一款精确的探测器，因为苏云金芽孢杆菌杀虫蛋白本身没有毒性，和我们常见的蛋白质没有任何区别。这种探测小能手在其他动物的身体当中找不到特定的受体结合，自然也掀不起什么大风大浪。而实际上，在人体中，探测小能手甚至尚未登场，就会被降解掉。众所周知，人类的胃液是强酸性（pH 值为

1~2）的，苏云金芽孢杆菌蛋白进入人类的肠道后，在胃液的作用下，迅速失去活力，继而被蛋白酶分解成一个个氨基酸，和普通的氨基酸一起为我们的健康做贡献去了。

从 1901 年到现在，人类研究这种神奇的细菌已超百年，这种细菌是目前应用最为广泛的生物农药，它具有专一的杀虫效果，对人类、家畜无害，不污染环境，不影响土壤微生物的活动，为现代农业防治技术做出了不可磨灭的贡献。

目前已经有各种形式的苏云金芽孢杆菌蛋白开始服务于人类，主要有各类苏云金芽孢杆菌制剂及苏云金芽孢杆菌转基因抗虫作物。在廉价的培养基上对苏云金芽孢杆菌相关产品进行大规模的工业化生产，让苏云金芽孢杆菌产品成为目前销量最大、开发最成功的微生物杀虫剂，年销售额达 4 亿美元。苏云金芽孢杆菌转基因抗虫作物相对年轻，却大有赶超苏云金芽孢杆菌制剂的势头。1987 年，*cry1Ab* 基因首次被导入烟草，使转基因烟草免受烟草天蛾的侵害，显示出苏云金芽孢杆菌基因在转基因生物应用中的巨大潜力，苏云金芽孢杆菌在抗虫作物上的应用迎来空前发展。从 1987 年到 1999 年 1 月底，大约 12 年间，美国共批准 4779 项基因工程农作物进入大田试验，仅 1998 年就批准了 1077 件，发展之快令人惊叹。

目前，苏云金芽孢杆菌转基因玉米、大豆、棉花已经在美国、加拿大、欧共体等国家和地区大量种植，果树类、蔬菜类、林木、花卉等转基因品种也在陆续推出。转基因作物让农民省去了高昂的害虫防治费用，这个现代基因工程与自然馈赠完美结合的产物，已然成为世界农业的一颗闪亮明星。

苏云金芽孢杆菌来源于自然，自然万物为科学研究提供了丰富的材料，科学研究的成果也让人类与自然相处更加和谐，愿科学之树常青，青山绿水常在。

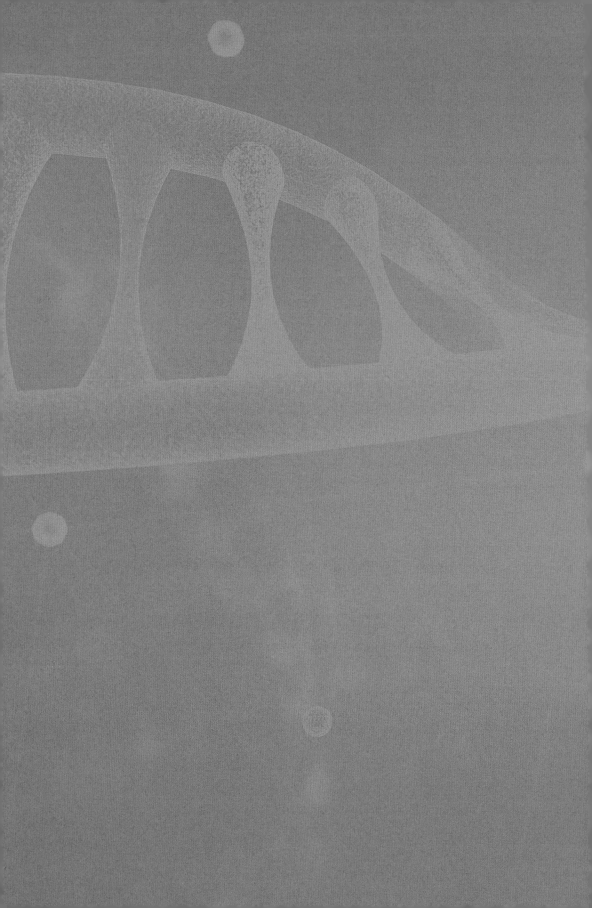

第三章
植物的基因智慧

　　植物通过光合作用这一独特技能，为数以千万计的动物提供了必需的氧气和食物源，同时还为"最高级别"的动物群体——人类提供着能源（石油、煤炭等）、药物原料、建筑材料等。植物诞生于距今25亿年前，现存大约有45万个物种。绿色植物大部分的能源来自遥远的太阳，通过光合作用从太阳光中汲取能量，在生成氧气润泽自然界万物的同时，还源源不断地合成碳水化合物。植物"装点"着大地，让地球更富生机和活力。这些植物家族成员囊括了高耸挺拔的树木、柔软坚韧的青草、互相缠绕的藤类、贴地而行的地衣……形态各异的根、茎、叶、花、果实各自演绎着生命的精彩。

第一节
源自海洋的"新生之旅"：植物登陆

假设你正身处浩瀚的太阳系，灿烂的星河如画布般在眼前铺展，这其中最能让人感叹凝眸的，我想一定会是那颗璀璨的蓝色星球——地球，因为拥有生命而在宇宙中成为最美好存在的我们的家园！

地球生命起源于海洋，30多亿年前，最早的植物生命体出现了，它们以菌类和藻类的形式在海洋中繁衍生息，脆弱而伟大，用生命力打破宇宙漫长的沉寂。4亿年前，绿藻作为登陆的先驱，开始有机会摆脱水环境的束缚，走向一个全新的领地，开启了地球生命多样化的旅程。这段漫长的登陆过程翻天覆地，对植物而言是种挑战。然而，植物登陆的过程，不但没有波澜壮阔，甚至有些尴尬。鉴于相机、画像之类的物品没能出现在生命的早期阶段，所以植物登陆的原始景象我们无从考证，但是生活在沿海潮带的一些藻类植物的后裔，在退潮时裸露于空气当中，它们由于失去水的浮力而堆积到一起，可以想象，这样软趴趴的一大摊，很可能重现了一下最早踏上陆地的多细胞植物的"光辉"形象。

艰难登陆后，迁徙英雄们已经精疲力竭，其中一些植物的顶部会努力上翘，相对于平伏地面的其他伙伴，它们能够接受更充分的日照，进行更通畅的气体交换，因此生长得更为茂盛；然而这些上翘的部位越茂盛就越需要水分，又容易受到干旱的威胁。在选择靠近阳光还是亲近水分的十字路口，一些植物选择保持相对低矮，可以获得一定的光照又便于吸收水分，其自身结构并未发生根本上的改变，这一支就是未来的苔藓植物；另一些

◄ 图 3.1　一摊"忘了回家"的水生植物 ►

则不走寻常路，它们向上托举它们的气生茎，极力追求阳光和更高的生长高度，为了解决水分养料输送的问题，它们逐渐变得特化，最终形成了维管植物类群。通过进化自身变得更强、更适应在陆地上的生存，从而获得全球大部分陆地的"统治权"，这也许就是努力生存，从劣势走向优势的最初版本，是不是很励志？

　　追根溯源，如果今天的植物见到最初的水藻祖先，祖先也许会说："说来你可能不信，要不是我忘了回家，就没今天你们植物这么多故事了。"植物也如此有趣！在大海中，水生植物在水的浮力和地球的重力之间完美地寻找平衡，既可以轻松地挺直腰杆，又可以潇洒地随波逐流，从不用担心喝水的问题。然而，陆地是完全不同的生存环境，没有水的浮力，登陆后的植物如何克服地球引力在没有水的地方挺立住？暴露在空气中的叶片，如何能从地下"喝水"？面对陌生的世界和全新的问题，植物不得不进行一场由内而外的自我革新。首先是改变基因，从海洋走向陆地，陆生植物中演化出一类特异的基因，今天我们称之为 NAC 类基因。这类基因只存

在于陆生植物中，而且越高等的陆生植物，NAC 类基因的数量越多，比如高等的被子植物——水稻和玉米，NAC 类基因的数量超过 100 个；低等的苔藓类植物，如小立碗藓（*Physcomitrium patens*），就只有 30 个。随着植物不断的进化，植物结构越来越复杂，有了根、茎、叶的分化，有了春华秋实，NAC 类基因的数量会越来越多。我们常说，内在修养决定外在形象，这对植物也是一样的，内在的基因会决定外在的表型。这就是说，植物形象的变化源于其内在基因的演化。为了在陆地上生存下去，植物基因不断地加倍、扩张、演化，分工越来越精细。仍以 NAC 类基因为例，目前的研究已经证明，NAC 类基因的不同成员已经能够分别参与植物度过干旱、高盐、低温、病毒等危机，以及植物形态建成、根部的生长与伸长和叶片衰老等，进化的力量何其强大！

目前的研究发现，苔藓植物的祖先可能是最初具有陆地生存能力的植物。2014 年，日本奈良先端科学技术大学的科学家在《科学》（*Science*）杂志上发表了一项有趣的研究成果。他们以苔藓植物研究的明星成员——小立碗藓为研究对象，发现小立碗藓中有一个 NAC 类基因的小分队，包含 8 个成员，主要的任务是调控细胞壁增厚和清除细胞内容物，它们可以让小立碗藓产生类似维管的结构。这一结构中又主要包含两类重要的细胞：厚壁细胞和导水细胞。其中厚壁细胞坚硬而致密，为陆生植物提供强大的内在支撑力，从而能让植物挺立，堪称支撑其站起来的"脊梁"；而导水细胞上下串联，

图 3.2 小立碗藓

为植物上部提供了喝水的"吸管"，有效地解决了植物地上部分的喝水问题，称这个小分队为保障植物活下去的力量不为过吧？有意思的是，这个NAC类基因小分队的8个成员分工明确，不同的成员精准地调控"叶"主脉和"茎"导水细胞的形成，从而有效地解决了植物登陆后"直立"和"喝水"的问题，协作能力如此之强，简直是王牌团队。

其实，苔藓植物还称不上是传统的陆生植物，因为它们没有真正意义上的维管系统，我们看到苔藓的"叶"和"茎"也是配子体时期的类似结构，和被子植物真正的叶和茎存在很大的差别，但在高等植物拟南芥（高等植物研究的模式植物）中表达小立碗藓的这些NAC类基因，就可以产生类似微管结构。一言以蔽之，尽管经历数亿年，生活环境发生了巨大的变化，植物形态产生了千差万别，但是基因的功能一直延续着，并给予植物生长和进化的无穷力量，也让地球充满绿色和生机，给了人类一个绿色庇佑的家园。

放下笔，抬头望窗外，静静欣赏眼前的片片葱茏吧，也请心怀感激，它们点缀着今时的世界，无限美好！

第二节
看不见的生物钟——植物的进化法宝

2017年10月2日，瑞典卡罗琳斯卡医学院宣布诺贝尔生理学或医学奖授予3位美国科学家杰弗里·霍尔（Jeffrey C. Hall）、迈克尔·罗斯巴什（Michael Rosbash）和迈克尔·扬（Michael W. Young），表彰他们发现了控制昼夜节律的分子机制（即生物钟）。

斯德哥尔摩宣布生物钟获诺贝尔奖之际，正值北京时间 17 时 30 分，此刻，紫茉莉如约绽放、花香袭人，预告晚餐时分即将到来，所以紫茉莉又被人们称作"晚饭花"或"洗澡花"。和紫茉莉要挨到傍晚才开放不同，牵牛花一大早就打开了"喇叭"，直到夕阳西下才合拢花瓣休息；与此相仿，美丽的睡莲白天盛放，夜晚闭合，昙花却只在夜晚展开笑颜，在白昼里空留余香。

大约 250 年前，瑞典著名的生物学家林奈用"花朵开放的时间"为人类绘制了富有自然情趣的"花钟"，从凌晨到正午，再到深夜，不同的花儿在不同的时间绽放：蛇床花（3：00）、牵牛花（4：00）、野蔷薇（5：00）、龙葵花（6：00）、芍药花（7：00）、半枝莲（10：00）、鹅肠菜（12：00）、万寿菊（15：00）、紫茉莉（17：00）、烟草花（18：00）、丝瓜花（19：00）、夜来香（20：00）、昙花（21：00）。想象一下，如果在窗前依次摆放这些花，伴着花香、坐看花开、依香耕读、品香入眠，这将是多么神奇和惬意的时光之旅啊！

图 3.3 艺术家绘制的植物学家林奈的"花钟"——显示一天之中不同花卉依次开放

短短 24 小时，地球自转一周，形成白天和黑夜的交替；为了和地球步调一致，获得最多的光热资源，植物在数万年的进化过程中悄然形成了 24 小时的"生物钟"，即昼夜节律，实现了内在的同步调控，并对环境的变化进行预测和及时反应，以便优化生理结构，抓住生长时机。这种能够丈量时间的"计时器"，对植物的生长发育过程，比如开花、释放香气和叶片运动等具有至关重要的作用。

植物的"生物钟"究竟是什么？又存在于哪里呢？几百年来，科学家通过各种手段，煞费苦心地力求揭开"生物钟"的奥秘。目前比较一致的观点认为：生物钟是生物体生命活动的内在节律性，是一种复杂的生理过程，是生物体内进行的物理、化学反应变化的结果。它们表现出规律的周期性变化，是由生物体内特定细胞、组织和器官的遗传物质——基因控制的，这种基因是生物经历长期进化后形成的，能够遗传给后代。生物体依靠这种内在的"钟"测知时间变化，以近 24 小时的振荡模式表达，从而让植物产生 24 小时的周期性活动。植物的一生，从种子萌发开始到枯萎死亡为止，都会受到生物钟严密有序的调控。当然，如果遇到环境特殊变化，生物钟还会指导产生应激刺激的植物进行自我更新和调整，从而形成新的"生物钟"，开始新一轮的循环往复。

因为没有"脚"，植物不能"拔腿就走"，为了适应地球自转带来的变化，植物逐渐养成了 24 小时的昼夜节律；而为了适应地球公转带来的变化，植物又逐渐拥有了另一种"时钟"：季节节律。

10 月初，中国的黑龙江省，数千只丹顶鹤完成了移居迁飞前的最后准备，开始向温暖的黄河三角洲滩涂和江苏省盐城市沿海迁飞。而地球另一端遥远的北美洲大陆，成千上万的橙色斑纹与黑色翅脉相间的帝王蝶，正在完成一次从北美洲到温暖的墨西哥冷杉林的长途迁徙。同一时刻，在广袤的非洲大陆上，也在上演着一场声势浩大的迁徙"路演"，角马、瞪羚、斑马等数百万食草动物，浩浩荡荡从非洲坦桑尼亚赛伦盖蒂国家公园向肯尼亚的马赛马拉国家自然保护区进发，寻找充足的水源和食物，成就了一场地球上的壮观迁徙。

10 月初的北京，桂魄初生秋露微；10 月份的江南，喜看稻菽千重浪；10 月份的新疆，万顷棉花似雪海。神州大地，一时风景各异。

天地革而四时成，动物季节性的迁徙和植物季节性的开花结果都是生物对季节变化的响应，我们也可以称之为季节节律或者近年节律。《诗经》中《国风·豳风·七月》有这样的记载："六月食郁及薁，七月亨葵及菽，八月剥枣，十月获稻，为此春酒，以介眉寿。七月食瓜，八月断壶，九月叔苴，采荼薪樗，食我农夫。"精确而形象地总结了一年的农时中包含的季节节律。读到这里，你是不是感叹我们祖先"吃"的智慧一点儿也不亚于今天的我们了？

和昼夜节律一样，季节节律同样具有内源性的特点：可以被遗传。有一个非常有趣的实验，科学家把刚出生的 5 只松鼠隔离生活在温度恒定（3℃）、持续黑暗的环境中，松鼠的冬眠依然表现出近年节律。无独有偶，科学家在对生活在热带的野鹟的研究中也发现了同样的现象。野鹟生活在肯尼亚地区，那里常年气温光照相对稳定，所以，野鹟的年节律也非常稳定。科学家将稳定的参考对象野鹟的雏鸟放到德国饲养，在光照和温度都稳定的条件下，小野鹟的成长依然遵循其他从小生活在肯尼亚的野鹟的规律，表现出很强的年节律，并没有因为转换生存环境发生改变。时间生物学研究奠基人之一的尤金·阿绍夫（Jürgen Aschoff）认为，外界信号通过影响机体内源生物钟起作用，但并不影响机体内部的生理活动。

除了昼夜节律和季节节律，植物还存在日内节律、超日节律、近周节律、近月节律、近年节律、近十年节律、近潮汐节律。这是植物根据生活的环境，长期进化出的精确的内源节律，让机体可以"预知"环境的周期性变化，并与之同步改变，从而增强生物对环境的适应性。

人类对生物钟的认识可以追溯到 1000 多年前。大约在公元前 4 世纪，古希腊安德罗斯提尼记录了罗望子叶片的节律性运动特征，成为西方留下的最早的关于昼夜节律的记载。翻阅我国古代典籍，也多有涉及生物节律的记载，比如先秦时期流传下来的《击壤歌》中有"日出而作，日入而息"的日常生活描述，正是对昼夜节律最生动的记载。北宋著名文学家司马光在《客中初夏》一诗中，也如实写到"更无柳絮因风起，惟有葵花向日倾"。当然，从今天我们对科学的认知来讲，"惟有葵花向日倾"这句是错误的，因为葵花并不是简单地追随太阳，而是因为体内生物钟的调控，让它们可以预知太阳升起的时间与方向，提前转向东方等待太阳。面向太阳时，向日葵的花盘可以获得更多热量，从而吸引更多昆虫帮助授粉，提高结实率。由此可见，植物远比我们想象的要聪明得多，而生物钟的调控赋予了植物"未卜先知"的智慧。

近年来，研究植物生物钟的科学家不断探索新手段和新方法，试图更好地揭示植物昼夜节律调控机理。越来越多的研究结果表明，生物钟可以调控诸多重要农艺性状相关的生理和生化途径，比如非生物和生物胁迫抗性、光合高效利用、杂种优势、淀粉储藏、糖类代谢以及农产品的耐储藏特性等。

举一个非常有趣的例子，植物会利用生物钟与害虫进行"博弈"。在长期的进化中，为了防止害虫的侵害，植物会"预测"害虫的活动时间，通过调动抗性基因的表达，进一步启动抗性相关信号转导途径，产生抵御性生物大分子，启动化学防护，降低害虫的"食欲"，从而最大限度地减少受到的伤害。又比如，为了避免白天被鸟类等天敌捕食，大白菜尺蠖（一类吃拟南芥的毛虫）形成了和鸟类等相反的昼夜节律，选择夜间进食；没有"脚"的拟南芥（一种模式植物）为了尽可能地减少被尺蠖蚕食，会通过生物钟调控来增加夜间茉莉酮的合成（茉莉酮是植物防御系统的最有效"武器"）。美国莱斯大学的科学家设计了一个巧妙的实验：首先用12小时的光周期来固定拟南芥植物和大白菜尺蠖的昼夜节律，然后将一半拟南芥和昼夜节律"相同"的毛虫放到一起，而另一半植物则与昼夜节律"相反"毛虫放在一起。结果有趣的现象出现了，与昼夜节律"相反"的毛虫放置在一起的拟南芥，因为错误地"预测"害虫的活动时间，导致毛虫胃口大开，拟南芥被吃得"惨不忍睹"，毛虫吃得"又白又胖"。

不可思议的是，我们在商场中购买到的采摘后约一个星期左右的蔬

菜和水果，比如甘蓝、菠菜、西葫芦、胡萝卜和蓝莓等，依然能保持一定的昼夜节律，这就意味着采摘后的蔬菜和水果中的生物钟依然在运行。这个实验也给我们一个非常重要的养生启示：合理地利用光周期调控，可以让我们学习如何为菜品保鲜，也能让我们在最合适的时候吃掉蔬菜。

千百年来，我们作为农耕民族的底色依然没有褪去，"不违农时，谷物不可胜食也"，先人了解了植物生物节律，今天的我们进一步明确了万物生长背后的生物钟调控规律，并加以利用。"拨动"生物钟，仓廪实，菜果足，"稻花香里说丰年"。

第三节
小麦的进化——一段漫长的物种"联姻"史

植物界为了适应环境、壮大群体，存在着不同物种之间的联姻现象，纵观小麦的进化史，便是一场漫长而有趣的物种"联姻"史。

我们先来认识小麦！小麦是禾本科小麦属单子叶植物，其颖果是人类食用的主要部分。作为全球主要粮食作物之一，小麦可是三分谷物天下的霸主之一，广泛分布于世界各地，种植面积达 2 亿公顷。小麦营养丰富、易加工，除作为口粮作物之外，还广泛用于工业和食品业，其麦苗、麦芽、麦麸等皆可入药，可见它的重要性。小麦种植历史悠久，很久很久以前，当一种野生一粒小麦与新月沃地（从地中海延伸到伊朗的广阔地区，在地图上的轮廓犹如一弯新月，因此被称为新月沃地）的狩猎人相遇，便开始了一场小麦与人类延绵大约 1 万年的交往史。经过人类的收集和种植，以及不断的自然选择与人工选择，野生小麦逐渐演变成了普通小麦，也就是今天我们所熟悉的食用小麦。所以很多学者认为小麦是起源于新月沃地的一种驯化农作物。

我们对小麦的定义是这样的：广义上的小麦是禾本科小麦属 6 个种的统称，包括一粒小麦、乌拉尔图小麦、二粒小麦、提莫非维小麦、普通小麦和茹氏小麦。

100 多万年前，小麦属中便出现了野生一粒小麦和乌拉尔图小麦，在生物学上，这两种小麦的细胞中含有两套染色体（14 条染色体），也就是所谓的二倍体（AA），但它们并不能自然杂交，孕育后代的使命受到了限制。因此，乌拉尔图小麦和一粒小麦便各自在漫漫历史长河中开始了它们的"脱单之旅"。彼时，一种二倍体植物山羊草属的拟山羊草的近似物种出现了！乌拉尔图小麦与拟山羊草发生了天然远缘杂交，创造了小麦家族中重要的一员：二粒小麦。这次"联姻"算得上小麦属进化过程中第一次染色体组加倍的过程，也就是二倍体 AA 的乌拉尔图小麦和二倍体 BB 的拟山羊草杂交形成了四倍体 AABB 的二粒小麦（28 条染色体）。这种野生二粒小麦在人类的不断驯化和选择下，麦秆变得坚韧壮实，麦穗饱满丰盈，逐渐成为受到人们认可和喜爱的作物并被广泛种植。而同样在为"脱单"努力的一粒小麦，虽然属于二倍体，也曾尝试与拟山羊草进行天然杂交，但是两者的杂交后代不可育，这场异种"婚姻"无疾而终，无奈，它只能单枪匹马，自成一派，单独作为小麦属的一个种存在并继续繁衍。一粒小麦为单粒麦，也就是每个麦穗上只有一粒小麦，产量极低，穗轴很脆，脱粒时麦粒无法与壳分离，导致收割困难，而二粒小麦的每个麦穗上有两粒小麦，颖果紧包于稃体内，成熟时不脱出，产量高，并且易收割，因此它慢慢取代了一粒小麦，成为当时人类种植的主要麦类。

其实，不只是拟山羊草，8000 多年前的农田里还普遍生长着人类种植的栽培二粒小麦，可是，它似乎并不满足当时的现状，想要独善其身继续为小麦家族增新添彩，很幸运，它遇到了二倍体植物——山羊草属的节

节麦，于是，小麦进化过程中又出现了第二次"联姻"，它们的天然远缘杂交形成六倍体的普通小麦，相比其亲缘种的二粒小麦，拥有了 42 条染色体的普通小麦的生长能力更强大，籽粒饱满的同时又能适应当时的寒冷气候，使得它后来传播到更远的地区，被人类不断种植和扩展，并且逐渐取代了栽培二粒小麦，成为小麦属中最受人类青睐的麦类。现如今，普通小麦是小麦属作物中的集大成者，易种植，产量高，环境适应能力强，是人类重要的粮食来源之一。或许，大自然在不断发展更新中，还在孕育着更多的小麦类新品种呢！

物种的进化过程总是神奇而又多样。小麦经过一轮又一轮的异源多倍化，由最初的二倍体演变为四倍体，又由四倍体演变为六倍体，这种染色体倍性的变化造就了今天人类食用的普通小麦，可以说小麦的进化就是一部远缘杂交史，而山羊草属功不可没！

跨越 1.3 万年时间长河，如果小麦的祖先，那粒野生小麦得以见到后辈几次联姻带来的物种进化，或许将更庆幸能够与人类邂逅吧！

▶ 小窗口

远缘杂交（Distant Hybridization） 指不同种间、属间，甚至亲缘关系更远的物种之间的杂交。它可以把不同种、属的特征和特性结合起来，突破种属界限，扩大遗传变异，从而产生新的变异类型或新物种。自然界中的远缘杂交很早就开始了，例如，普通小麦、烟草、陆地棉等都是经过不同物种天然杂交和长期自然选择而产生的。如今，远缘杂交成为一种育种技术，人类运用这种技术来改良旧物种、培育作物新品种、研究物种演化等。除了植物，动物中也存在远缘杂交的现象。不过，与植物不同的是，动物的远缘杂交后代一般生活能力极差，甚至多数在胚胎时期就已经死亡，例如，马和驴的杂交后代骡子并不能生育。

第四节
植物矮化基因带来的
"绿色革命"——杂交育种

农业生产领域曾发生过"绿色革命"。本节内容就从这次"绿色革命"的历史展开。

20 世纪 50 年代以前，农业生产还没有采用现代化的种植模式，化肥和农药也没有得到大规模的应用，可以说人类还处于靠"天"吃饭的时代，要得到更多粮食只能依靠扩大耕地面积。但肥沃的土地资源是有限的，尤其是 50 年代以后人口快速增长，许多发展中国家都面临粮食不能自给的局面，粮食危机的阴影笼罩全球。

同时，随着化肥和农药在各国农业生产中的大规模应用，许多常见的农作物品种也开始显现出很大的局限性。一是，高秆农作物本身就容易倒伏，化肥的使用虽然促进了农作物的茎秆生长，但也使其更容易倒伏。二是，高秆农作物的谷草比（谷草比通常专指禾谷类作物的谷粒重量与秸秆重量的比值，是作物生物学性状指标之一）较低，低的谷草比就意味着低的产量。这也让粮食增产的任务难上加难。自 20 世纪初，西方国家开始大规模投资农业科学研究，20 世纪 50 年代，以美国人诺曼·布劳格（Norman Ernest Borlaug）为代表的育种家在墨西哥用两种小麦杂交培育出了 30 多个耐肥、抗锈病的矮秆小麦品种，使小麦产量大幅提高，不但解决了墨西哥国内的饥荒问题，还使其一跃成为小麦出口国。由于对解决

世界粮食问题做出了卓越贡献，诺曼·布劳格也于 1970 年获得诺贝尔和平奖，并被称为"绿色革命之父"。20 世纪 60 年代，菲律宾国际水稻研究所的水稻育种家利用印度尼西亚的一个高秆、高产水稻品种与我国台湾的矮秆水稻品种进行杂交，培育出矮秆、耐肥、生长快、产量高的水稻品种。矮秆水稻和小麦这两种粮食作物迅速传播到世界各地，对提高粮食产量、解决食物短缺做出了重要贡献。很多国家开始利用"矮化基因"来培育和推广矮秆、抗倒伏的高产水稻、小麦、玉米等新品种。而后科学家进一步将具有矮化基因的品种和抗病品种进行杂交，获得了更多类型的矮秆品种。

矮秆杂交水稻可以说是第一次绿色革命时期的杰出代表，而矮化基因是引动这场"绿色革命"的物质基础，也被称为"绿色革命基因"。但矮化基因在科学理论研究方面落后于生产实践的发展，直到 2011 年，日本科学家才首先从水稻中找到了矮化基因 SD1。正常的 SD1 基因编码赤霉素合成酶，控制水稻的株高，它的突变导致了水稻不同程度的矮化。最早的野生水稻生长在深水中，当古代人类开始在浅水中种植水稻，这些又高又细的水稻品种因为特别容易倒伏而产量减少，于是人类开始有意选择稻秆较矮的品种播种，因此导致 SD1 基因发生突变，并且这种突变在水稻长期的驯化过程中保留下来。起初突变只存在于粳稻中，后来通过杂交进入了籼稻。因此，矮化基因 SD1 是长期的水稻驯化过程中人工选择的结果。到目前为止，在水稻中发现的矮化基因多达 100 个以上，除了水稻，科学家在小麦中发现了控制矮秆性状的 Rht 基因家族，相关的基因已发现 30 多个。

一般矮化植物的株型紧凑，具有抗倒伏、丰产性好、在生产上便于管理等特点，科学家不仅把矮化基因应用在大田作物中，也加入了果树、牧草等领域的研究。随着以基因工程为核心的现代生物技术的发展，农业生产正在经历第二次绿色革命，培育既高产又富含营养的动植物新品种，不断满足人类对食品更高品质的要求，并且确保环境可持续发展。这些正是本次绿色革命的目标，相信科技的发展将促进农业生产方式的变革，也将为人类带来更美好的明天。

第五节
小小基因变化让玉米"七十二变"

　　玉米是世界三大最重要的主粮作物之一，北至北纬 58 度，南及南纬 35~40 度的广大地域均有大量种植，栽培面积和总产量仅次于小麦和水稻。在自然界中，小麦和水稻等作物都可以找到野生近缘种，但没有发现与现代玉米近似的任何植物。玉米就像天外来物一样突然地出现在地球物种中，这个问题一直让科学家深感困惑。物种的进化过程一向被认为是漫长的自然筛选的过程，为何玉米会出现得如此毫无征兆呢？近两个世纪，科学家从形态学、细胞学、考古学、分子生物学等角度对玉米的祖先及其进化进行了不懈的探究，大多数科学家认同了玉米是由大刍草（又称为类蜀黍、墨西哥野玉米）起源进化而来的观点。

　　那么，这位终于有据可查的玉米的"先祖"——大刍草到底长什么模样呢？下面这组图片解释了玉米的发展过程。

　　对比变身前后：首先，从外形上看，墨西哥大刍草有多个分权，而现代玉米却只有一个主秆；其次，现代玉米结的果穗（棒子）少，通常是 1~2 个，而大刍草则能结出多个果穗；最后，现代玉米的籽粒都分排密布在棒芯上，玉米粒外面没有壳，果穗外包厚厚的苞叶，而大刍草籽粒外面有很硬的壳，不能直接吃。

　　大刍草在外形上与玉米的差别如此之大，那这个本该漫长的进化过程是怎样在短短的万年间就完成了呢？科学家推测，大约 1 万年前，居住在现墨西哥地区的农民开始选育玉米。他们挑选那些颗粒大，或者味道甜，

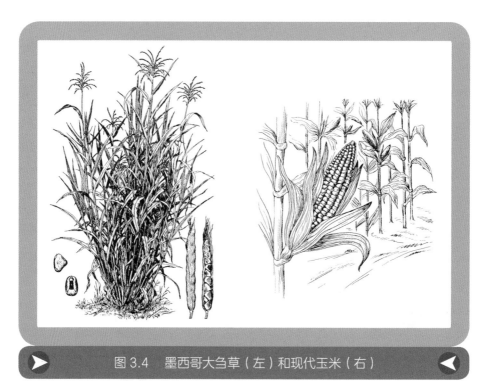

图 3.4　墨西哥大刍草（左）和现代玉米（右）

或者容易碾磨的植株保存种子，到第二年继续播种和选育，这一过程被称作"人工选育"。经过如此一代一代反复选择，优良的品质就在一些玉米中积累下来。后来，育种家又发明了杂交育种等技术，早期的玉米逐渐衍变成现代的各色各样的玉米。

　　当然，玉米起源于大刍草这一假设获得认可，除了有不同年代的化石佐证，更重要的是科学家在基因层面的研究取证。第一，大刍草与玉米拥有相同数量的染色体，基因的位置也非常相似。第二，大刍草能够与现代玉米杂交，它们的后代也能够自然繁殖。为了能够展现这个演化过程，科学家研究了大刍草与玉米杂交后代的 DNA，发现它们的巨大差异主要与5~6 个基因的变化有关。

　　其中，*TGA1* 基因是决定玉米粒由硬壳到无壳演变的关键基因。大刍草中的 *TGA1* 基因使得其籽粒被较长的坚硬稃壳包裹，而玉米中的 *TGA1*

则使得玉米颗粒无壳且柔软。证据就是科学家将玉米的 *TGA1* 基因转移到大刍草后，就能够使大刍草果粒的坚硬外壳变小并开裂。进一步研究发现，现代玉米与大刍草中的 *TGA1* 基因只有一个碱基的细微差别。

也就是说，在玉米驯化的早期，人工选育在短时间内通过选取不同基因迅速改变一种作物的特征，使现代玉米逐渐显现雏形，突然出现在物种进化史中。

玉米不仅是重要的粮食作物，现在也是大家喜爱的健康美食。色香味俱全——这是挑剔的"美食家"们对美食的通用评价标准！被列为首位的是"色"，可想而知人们有多重视食物带来的观感。玉米是我国三大主粮之一，但你知不知道它除了是粮食界的中流砥柱，还是一种"有颜任性"的粮食呢？

玉米的颜色其实远多于我们熟知的黄白两种。黄、白、紫、红，玉米的绚丽多彩是大自然油画师在基因的指导下完成的杰作。在介绍油画师之前，先着重介绍一下画师用到的画板——玉米种子。为了详细地展示画板，我们将玉米种子纵切，由外到里地全面介绍画板的玄妙之处。玉米种子的最外一层称为种皮，这是画师最喜欢投入笔墨的区域。往里就是种皮与胚乳之间的单层细胞——糊粉层，虽然只有薄薄一层细胞，但这层细胞中含有丰富的蛋白质和其他营养物质，而画师也非常喜欢在此施展技艺。再往里就是胚乳了，这是玉米种子能量物质的储存地，其最主要的成分就是淀粉，画师基本上用它做底色，但是也有例外。最里面的是玉米的胚，作为玉米繁育后代的中枢，画师似乎愿意多保留一些它的原生态，并没有改变太多。

有了画板，还需要颜料。画师的颜料主要有白色、黄色、红色、紫色等颜色。其中白色是所有主食的主要成分——淀粉；黄色则是鼎鼎有名的"黄金大米"中的主要成分——β-胡萝卜素，它是合成维生素 A 的前体物质；红色到紫色等各种过渡色则是一类名为花青素的物质，这类物质具有强抗氧化活性，对人体健康大有益处。

万事俱备，只欠画师了。这神秘的画师就是看不见摸不着的基因。通常，画师先在胚乳画板区涂上白色作为底色，因为玉米作为粮食或饲料最主要的作用就是提供淀粉，所以负责淀粉合成代谢途径的各种基因就会协调表达，让胚乳细胞合成并积累大量淀粉，进而使胚乳呈现白色。随后，有些画师想让玉米种子多一点儿颜色，并且让玉米营养更丰富一些，那么负责 β - 胡萝卜素合成的各种基因就会齐心协力合作让胚乳细胞合成 β - 胡萝卜素，进而将胚乳染成黄色。若此时画师不在种皮和糊粉层下笔的话，这两种组织就是无色透明的，整个玉米籽粒的颜色就是胚乳的颜色，所以只有底色的玉米就是白玉米，含有 β - 胡萝卜素的就是黄玉米。

然而，有些画师是浪漫的，仅仅黄白这两种颜色已经不能满足它们的审美要求了，因此，它们会通过花青素来引入从红到紫的各种颜色，让玉米绚丽多彩。花青素是自然存在的一类水溶性色素，常见的有天竺葵色素（Pelargonin，橘红色）、矢车菊色素（Cyanidin，红色）以及飞燕草色素（Delphinidin，蓝色）。

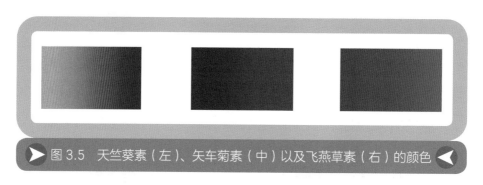

图 3.5　天竺葵素（左）、矢车菊素（中）以及飞燕草素（右）的颜色

这样就足够了吗？不，浪漫的画师还有其他花样，它们不满足于在一个玉米穗上施展才能，于是乎一粒粒多彩的玉米也因"转座子"这位新画师的诞生而问世。科学家芭芭拉·麦克林托克（Barbara McClintock）就是"转座子"的发现者。虽然芭芭拉早在 1950 年就正式公布了其关于"转座子"的研究，但由于该研究与当时的经典遗传学相差甚远，所以学

术界一开始对这项研究是不认可的，甚至有着诸多批驳与蔑视。芭芭拉依然坚持研究，33 年后，81 岁高龄的芭芭拉因对转座子进行的开创性研究，成为遗传学领域内第一位独立获得诺贝尔奖的女性科学家，这就是真理对执着和严谨科研的认可！

"转座子"这位新画师的杰作就是斑点玉米，因为"转座子"可以在玉米基因组中"跳跃"，当跳到花青素合成相关的基因中时，就会破坏花青素的合成；但跳走后，花青素又可以继续合成。由于不同细胞中"转座子"跳跃的时机不一致，所以同一个玉米籽粒中就会出现一些紫斑点，既是意外，又是惊喜啊！

通过对玉米的进化研究，科学家才得以发现，进化不仅可以缓慢进行，循序渐进，按部就班，还可以因为某个基因的微小变化就迅速发生，犹如孙悟空的七十二变。这一研究成果提升了人们对物种进化的认识水平，也更让人感叹自然的神秘和变化无穷！

▶ 小窗口

玉米为什么这样甜？

大家知道我们见到的各种甜玉米到底是怎样长出来的吗？甜玉米淀粉含量极少，那我们的吃货课堂就从淀粉的合成来讲起。淀粉的本质是由葡萄糖构成的长链，有些淀粉链还带分支（糯玉米的淀粉主要是支链淀粉）。包括玉米在内的植物合成淀粉均需要一系列的基因组成一个合成代谢网络。这些基因表达的各种相关的酶将葡萄糖聚合成长链（直链淀粉）或带分支的糖链（支链淀粉）。

此时，我想有些爱吃的朋友已经猜到甜玉米产生的原理了吧？那就是淀粉合成相关基因的突变！果然美食让人聪慧啊！是的，现在的各种甜玉米就是淀粉合成代谢途径中，不同类型的基因突变使玉米合

成淀粉受阻，从而积累了大量带甜味的糖（双糖、寡糖和可溶性多糖）。也就是这种糖给大家带来了甜美的口感和愉悦的心情！普甜玉米则是由于 *su* 基因发生了突变而失去功能，所以这类玉米只能将葡萄糖聚合成 10~14 个葡萄糖长的主链，支链则可达到 6~30 个葡萄糖，这类多糖是水溶性的，所以也称为可溶性多糖（WSP），只带有淡淡的甜味，在普通玉米中很少含有。但若是 *SH2*、*BT*、*BT2* 这 3 个基因发生突变，那这类玉米中的葡萄糖绝大多数就会聚合成二糖——蔗糖，吃起来特别甜，而且连可溶性多糖都很少，更别说淀粉了，所以这类甜玉米被称为超甜玉米！答案揭晓，你知道甜玉米的甜味是怎么来的了吧？

第六节
番茄"成长"的奥秘——小小基因的大作用

　　番茄应该是我们日常食用，并且是最熟悉的蔬菜之一了。有不少人的烹饪史都是从一盘操作简便又味香色美的西红柿炒鸡蛋开始的。无论是中式的西红柿鸡蛋面，还是西式的番茄沙司，番茄已成为各式餐饮中必不可少的"明星"。

　　论起这位"明星"的出道，那就需要到遥远的南美洲安第斯山地带。番茄在老家之一——秘鲁，原先只是一种生长在森林里的野生浆果，被当地人称为"狼桃"，因为它长得和同属茄科的有毒植物颠茄很像，很长时

图 3.6　品种、色彩多样的番茄

间内背负"有毒"的恶评。人们都怕它有毒，只用来观赏，无人敢食。直到大约公元前 500 年，中南美洲的统治者阿兹台克人才将野生番茄引进了自家菜园，从此开启了番茄的食用史。到了 16 世纪中叶，欧洲人来到南美洲大陆，看到番茄这种漂亮的果实，很是喜欢，便将它们带回了欧洲大陆。只不过，这种漂亮的植物没有被送进菜园供人食用，而是被送到了花圃让人观赏。直到后来，意大利人在烹饪比萨等菜肴时开始加入番茄，它才被真正当作一种蔬菜进行推广种植。大约到了明朝时期，番茄才传入中国，当时称为"番柿"，因为酷似柿子、颜色是鲜艳的红色，又来自西方，所以又有"西红柿""洋柿子"等名称。番茄果实口味独特，营养丰富，可以生食、熟食以及加工制成番茄酱和番茄汁等。作为食用蔬菜的番茄已被广泛种植于世界各地，是世界范围内普遍种植的第一大蔬菜作物。

　　如今我们食用的大果栽培番茄果肉厚实、颜色鲜美。但其实，原始的番茄并不是这般模样，它是野生番茄经历了基因的定向选择和驯化改良演

化而来的。野生番茄的果实非常小，只有一两克重，而现代栽培番茄经过长期的人工驯化后果实变大，果重已经是其祖先的 100 多倍。科学家通过研究揭示了番茄从"玲珑"到"丰硕"的进化史，现在栽培的大果实番茄曾经历了两次大的进化过程：一次是野生醋栗番茄被驯化成栽培的樱桃番茄，一次是樱桃番茄逐渐被培育成大果栽培番茄。野生醋栗番茄果实具有形状小、果皮厚、果肉小、种子多等特点，属于"袖珍型"番茄，同现代栽培番茄相比，其大小只是如今大果栽培番茄的百分之一。后来野生醋栗番茄经历了"成长"变化，个头变大，进化为樱桃番茄，也就是如今我们经常食用的圣女果。圣女果既是水果也是蔬菜，色泽艳丽、酸甜可口，维生素含量是普通番茄的 1.8 倍！所以联合国粮农组织将圣女果列为最优先推广的四大水果之一，可见其在果蔬界的地位确实超然啊！

加入蔬果队伍的樱桃番茄个头变大了，但是依然不能满足人们想要番茄的果实变得更大更多的愿望。于是，番茄又经历了一次"成长"变化，个头继续变大，进化为大果栽培番茄，也就是我们现在做饭时最常食用的大西红柿。现如今，番茄已遍布世界各地，成为不同地域、不同国家人们共同热爱的美食。

番茄经过两次跨越性"成长"进化，个头逐渐增大，越来越受欢迎，那么番茄"成长"的奥秘到底是什么呢？通过群体遗传学分析，科学家揭开了番茄果实由小变大的谜底：在醋栗番茄到樱桃番茄再到大果栽培番茄的两次进化过程中，分别有 5 个和 13 个果实重量基因在人类的定向选择下成了番茄成长的"加速器"。

在第一次的"成长"中，也就是从野生醋栗番茄到樱桃番茄的进化过程中，有 5 个基因 $fw1.1$、$fw5.2$、$fw7.2$、$fw12.1$、$lcn12.1$ 起到了增大番茄果实的作用。$fw12.1$ 是位于番茄第 12 号染色体上的一个驯化基因，但是驯化阶段结束后，该基因在樱桃番茄中没有被固定，在大果型番茄中才几乎被固定下来，成为其力量加强的"加速器"，并在番茄果型增大的道路上继续发挥作用。

接下来，在第二次的"成长"中，13 个数量性状基因座可能是从樱桃番茄到大果栽培番茄果实继续变大的重要基因。这 13 个与改良过程相关的果重基因分别是 *fw2.1*、*fw2.3*、*fw3.1*、*fw3.2*、*fw6.2*、*lcn2.1*、*lcn2.2*、*fw9.1*、*fw9.2*、*fw9.3*、*fw11.1*、*fw11.2*、*fw11.3*。番茄果重基因 *fw2.2* 是第一个被克隆且成功转基因的数量性状基因，它的功能是调节细胞分裂，从根本上影响着番茄果实质量和大小的进化。*fw2.2* 基因是一个负调控因子，该基因在野生番茄材料中的表达水平越高，所结出的果实越小，可以说是一个反向"加速器"。因此，人们在后期驯化番茄的过程中，通过降低该基因的表达水平，也能获得果实增大的大果番茄。

图 3.7　番茄果实由小变大

番茄等果茎类作物在驯化过程中果实变大和果重增加的主要原因，不仅包括控制细胞分裂的基因发生改变，也包括控制心室数目的基因改变，齐聚这些基因的力量，从而改变果实的大小。番茄 *lcn* 位点和 *fas* 基因与番茄果实的心室数目有关，调控着番茄果实的大小。当 *lcn* 和 *fas* 表达下降时，会导致心室数目的增加，最终促进番茄果实的增大。

基因不仅促成了番茄的两次成长，使得番茄果实由小变大，而且对于番茄其他性状的改良也有重要影响。基因助力番茄果皮颜色变丰富。基因 *R* 能提高番茄红素含量，基因 *hp-1* 和 *hp-2* 能使类胡萝卜素积累增加，

而番茄红素和胡萝卜素的含量决定了番茄的颜色。多种基因共同调控番茄色素的表达，给番茄穿上不同颜色的"衣服"。基因助力番茄货架寿命的延长。永不成熟基因 *Nr*、成熟抑制基因 *rin*、不成熟基因 *nor* 及晚成熟基因 *alc* 等基因能给番茄的成熟过程"降速"，使其在常温下储藏 2~3 个月不腐烂。基因助力番茄风味口感的提升。*TomLoxC* 基因表达的 TomLoxC 蛋白可以催化脂肪衍生的芳香物质的合成，从而影响番茄的风味和口感。从众多的番茄传统品种里挖掘丰富的基因资源，"复活"丢失的"风味"基因，重新找回儿时吃过的番茄的味道。

　　小小基因作用大，在基因"加速器"的助力下，不仅仅是神奇变身的番茄，相信还会有更多大自然的馈赠会走入人们的生活，丰富人们的生活，让人们的生活更美好！

番茄如何进化到更大更美味

第七节
甘薯——古老的天然转基因食物

现如今，转基因的各种产品已经与人们的生活密不可分，但只要听闻"转基因"这个词，大家往往想到的就是高级的实验室、整齐排列的各种试管和试剂，总之，"转基因"仿佛就与高科技联系在一起。但你相信吗？世界上最早的转基因植物既不是某个实验室操作台的实验产物，也没有诞生于哪一位科学家的研发灵感，而是8000多年前大自然的"杰作"。甘薯就是其中具有代表性的一种。

甘薯是人类食用历史最久的作物之一，平凡朴实，却在几千年来滋养了无数人，我们拿来食用的部分实际上是它的根部，与我们平日常见的其他植物的根部相比，可谓是根部的"绿巨人加强版"。它粗壮的外形是由一种细菌侵染根部组织，进而导致的膨胀，这种细菌就是现在植物转基因研究领域的主角——农杆菌。

农杆菌是一类普遍存在于土壤中的革兰氏阴性细菌，这种极具侵占意识的细菌最擅长的就是侵染植物的受伤部位。植物一旦受伤，农杆菌就乘虚而入，并将自身的基因植入被侵染细胞的基因组中，植物组织逐渐成为农杆菌的生存宝地，为它的生存繁衍提供更多的养分和空间，从而导致植物的局部组织膨大。

国际马铃薯研究中心的科学家对来自美国、印度尼西亚、中国、南美洲和非洲等地的291个甘薯品种进行研究后发现，所有的甘薯品种都含有农杆菌的基因，其中 *IbT-DNA1* 在所有检测的甘薯品种里都存在，且后代

图3.9 甘薯根部

不会出现基因分离现象，甚至在部分检测的甘薯品种中还能同时发现 *IbT-DNA2*。可见农杆菌的实力之强！

生物学家称甘薯和农杆菌之间的基因交流为基因水平转移。这是细菌的普遍技能之一。同时越来越多的研究表明，这种现象还会发生在细菌和真核生物之间：真菌的类胡萝卜素生物合成基因可以转移到蚜虫中，使蚜虫呈现红色或绿色；而角苔类植物的基因转移到蕨类植物中后，神奇的感光体蕨类就产生了。此外，科学家在马铃薯中也找到了至少发生过两次基因转移农杆菌和其他细菌的 DNA。这些现象都证明，植物的转基因是可以自然发生的。实际上，正是由于观察到农杆菌的这种特性，科学家才发挥其特长，让其在植物转基因的研究中大展身手。

目前，经研究发现，农杆菌可侵染的植物已超过 140 种。所以，早在人们发现并开始食用甘薯以前，农杆菌的基因就已经"侵略"到远古甘薯品种的基因组中了。不过，远古时期的甘薯品种并不像今天这么多样。我们的祖先在食用时会选择产量高且口感好的品种进行繁育，经过一代代的品种改良和选择，才有了我们如今种类丰富、营养可口的各种甘薯。

或许有人会问，与通过高科技研发、人工选择的转基因作物相比，天

然的转基因甘薯有什么特点呢？这个答案可是个惊喜，甘薯是作物界的"宝藏品种"，好处多着呢！

　　科学研究表明：甘薯中赖氨酸、胡萝卜素、抗坏血酸、膳食纤维和钙等成分明显高于大米和小麦，维生素 C 含量可与柑橘媲美。作为大家熟知的肠道和心血管的"清道夫"，甘薯中丰富的纤维素可以促进肠道蠕动，降低人类患大肠癌的风险；它含有的大量黏蛋白，对胆固醇的排泄、维持心血管壁弹性以及防止动脉粥样硬化也有一定的功效。不过需要注意的是，甘薯含糖量高，过多食用会造成腹胀、烧心，糖尿病和肠胃不适者吃的时候还是要注意食量。

第八节
豌豆的皱圆粒切换——基因开关显神通

　　大自然是一个神奇的造物者，在给万物带来生命的同时赋予它们绚烂的颜色和多变的性状。本篇故事的主角——豌豆，就是拥有多个相对性状的植物之一，比如种子的形状、子叶的颜色、茎秆的高矮等。拥有着这些稳定并且容易被区分的性状就是它的特点，也是它独特的生物学意义所在。

　　同其他动植物一样，豌豆也有属于自己的生物学学名——*Pisum sativum* L.，它属于豆科，蝶形花科，豌豆属，长日性冷季豆类，因为茎秆攀缘性而得名，是一种严格的自花传粉、闭花授粉双子叶植物。豌豆起源于数千年前的亚洲西部、地中海地区和埃塞俄比亚、小亚细亚西部、外高加索全部，在我国已有 2000 多年的栽培历史，不仅是我国最古老的作

物之一，而且具有一定的营养和药用价值，是我国重要的作物之一。我们平时所见到的豌豆有红花与白花、高茎和矮茎、圆粒与皱粒等特征之分，为什么同一种生物会表现出如此不同的单位性状？我们来看一下科学家给出的答案！

早在100多年前，伟大的生物学家、现代遗传学之父孟德尔就发现并开始着手研究豌豆的各种性状了，通过一系列杂交实验探索它们的遗传规律，最终提出了遗传学三大定律中的分离定律和自由组合定律，奠定了经典遗传学的基础。他认为，豌豆所表现出的红花与白花、高茎和矮茎、圆粒与皱粒等特征都是由其体内相关的颗粒性遗传单位决定的，这些遗传单位成对存在，他把它们称为遗传因子。我们可以简单地认为，这种遗传因子就好比一种"自控开关"，开什么颜色的花、结什么样的果完全取决于这种"开关"。对于成熟豌豆种子的饱满和皱缩的外表来说，必然也存在这样一对"开关"。

我们先来了解一下豌豆种子饱满和皱缩的粒形分别是怎样形成的。在生物学上，豌豆的种皮是由几层细胞构成的柔软革质薄膜，紧紧包裹着子叶，所以，子叶的形状决定种皮的形状：当子叶表面光滑时，种皮则光滑，形成的种子就是圆粒；当子叶表面皱缩时，种皮则同样皱缩，形成的种子就是皱粒。孟德尔研究发现，子叶的形状正是由一对遗传因子决定的，并给它们取名 R、r，它们就像一对正负调控的开关，当出现 RR 和 Rr 型时，种子表现为圆粒，当出现 rr 型时，种子表现为皱缩。20 世纪 80 年代的研究发现，控制豌豆子叶形状的基因会影响豌豆的淀粉代谢，RR 型和 Rr 型豌豆种子淀粉代谢正常，淀粉粒多且单一，而 rr 型种子中淀粉合成过程受到阻碍，淀粉含量少且杂质多，蔗糖含量升高，导致种子内渗透压增高，胚胎早期发育过程中，种子吸水时膨胀，干燥时收缩，于是就形成了皱缩的外表。

受限于时代，当时的人们对于豌豆种子表型"开关"的认识还仅仅停留在这样一个很浅显的阶段，但对 rr 型种子淀粉合成受阻相关原因的研究和探讨从未中断。1990 年，科学家终于发现了隐藏在 RR（Rr）型和 rr 型豌豆种子中的秘密——皱皮基因！与此同时，皱皮形成的分子机制也逐渐清晰，人们对包括豌豆在内的很多植物的皱皮现象有了更深入的认识。

其实，种子中的淀粉包括直链淀粉和支链淀粉两种类型，并且支链淀粉的含量多于直链淀粉。皱皮基因 $SBE1$ 是一种重要淀粉分支酶，它的主要功能就是通过催化效应将种子内的直链淀粉变为支链淀粉，当 $SBE1$ 基因突变时，淀粉分支酶催化功能丧失，淀粉合成量降低，直链淀粉转化成支链淀粉的过程受阻，导致蔗糖大量积累，种子中的渗透压随之升高，水分流失严重，最终导致 rr 型豌豆因大量脱水而表现出皱缩；相反，$SBE1$ 基因正常表达的情况下，直链淀粉可以转化成支链淀粉，蔗糖被自然消耗，这时，种子中的渗透压保持在相对稳定的状态，水分充足，豌豆就是圆鼓鼓的。

当然，除了豌豆，其他植物也存在相似的"开关"，像玉米中 $sh1$、$bt2$、ae、du、su、$opaque1$、$opaque2$ 等基因的突变均会导致圆粒转变为皱粒。正是因为不同基因"开关"的存在，才使物种千变万化，多彩缤纷。

▶ 小窗口

相对性状 就是指同种生物一种性状的不同表现形式，相互之间差异明显，比如，种子外表有圆的和皱的、小麦的抗锈病与易染锈病、大麦的耐旱性与非耐旱性、人的眼睛颜色不同和肤色不同等。孟德尔在研究单位性状的遗传时，就是用具有明显差异的相对性状来进行杂交试验的，只有这样，才能对比分析研究后代，从而找出差异，并发现遗传规律。生物的每一对相对性状就是由一对等位基因控制的。

遗传学三大基本定律 孟德尔提出的基因分离定律、基因自由组合定律，摩尔根提出的基因连锁和交换定律，合称为遗传学三大基本定律。

第九节
葵花"逐日"之谜

大自然中总有一些奇妙的动植物现象让人们惊叹不已，也吸引着科学家不断探索，挖掘神奇现象背后的原因，加深人类对大自然的了解。向日葵就是这样一种有趣的植物，总是面向太阳盛放的向日葵就如一个个追逐太阳这个大"明星"的小粉丝，执着而热烈。我们来一起了解向日葵向太阳的秘密。

首先要说的是向日葵并不是一直都面向着太阳，这是有时间限制的。从发芽到花盘盛开之前的这段时间，向日葵的花盘在白天会追随太阳从东向西转。当然，这种跟随并不完全同步，植物学家测量后发现，花盘的指向落后太阳大约 12 度，按照时间计算，约慢了 48 分钟。太阳下山后，向日葵的花盘便开始慢慢往回摆，等到凌晨 3 点钟，花盘又会朝向东方，等待太阳升起。但是，花盘盛开后，向日葵就不再随着太阳转动，而是固定朝向东方了。

那么，向日葵的花盘为什么能追随太阳转向呢？科学家通过不懈的努力，发现至少有 3 种因素在发挥作用，共同促使向日葵有了追踪太阳的行为。

第一个因素是植物生长素。简单来说，生长素是植物产生的促进生长发育的一类激素。向日葵的生长素主要在茎尖形成，正常情况下是向基部运输。但生长素有一个奇怪的特点——怕光（又叫"避光性"），它就像一个胆小而调皮的孩子，一见到阳光就要跑向背光的地方躲起来（从向光侧向背光侧的移动过程叫"横向运输"），这一行为直接导致茎尖向光侧的生长素浓度降低，而背光侧的浓度升高，因而向光侧生长较慢，而背光侧生长较快，由此茎尖就会向着长得慢的一侧弯曲，也就是向着太阳的方向弯曲。随着太阳在空中的移动，植物生长素也像"捉迷藏"一样，不断地背着阳光移动。所以，向日葵花盘能始终跟随太阳的脚步，每天从东转到西。

第二个因素是叶黄氧化素。它是科学家近年来才发现的一种物质，在向日葵茎尖生长区内含量较高。它的作用正好与生长素相反，会抑制细胞生长。它的习性也正好跟生长素相反，具有"趋光性"。也就是说，白天太阳照射时，向日葵茎尖向光侧的叶黄氧化素浓度高，而背光侧浓度低。因此，向光侧的生长进一步受到抑制，而背光侧生长更快。虽然生长素与叶黄氧化素分别扮演"一正""一反"两种不同角色，但它们的作用是叠加的，共同促使和支持着向日葵的"追星行动"。

第三个因素是向日葵花盘的结构。向日葵花盘并不是一朵花，而是一个花序，叫作头状花序，在整个花盘上密布着许多小花。花盘四周长长的叶片一样的是舌状小花，花盘中间的是管状小花。管状小花含有许多特殊的纤维，它们会随着温度的升高而从基部开始发生收缩。可以想象，在阳光照射下的管状小花温度逐渐升高，其中的纤维会收缩产生力，使花盘主动抬头面向阳光而转动。

上述这些研究成果已经能够解释向日葵向阳转动的原因了。但还有更深层的原因，在基因层面，向日葵其实也有"向阳"的小秘密哟！美国加州大学的科学家通过研究发现，向日葵茎秆生长与内部时钟基因有关。也就是说向日葵茎秆具有两种生长机制，第一种生长机制属于植物的正常生长，受自然光线影响；第二种是受生物钟控制，花盘中含有许多受生物钟控制而按不同时间表达的基因，白天，向日葵花盘朝向太阳的一侧中有大量基因在表达，而夜晚，花盘的另一侧则有大量基因在表达，这些受生物钟调控的基因才是导致向日葵茎秆两侧生长量不同的本质原因。

从生物进化的角度来说，向日葵所有这些习性都是生物进化的结果。因为植物的生长主要依赖阳光，向日葵紧密跟随太阳转动能使自身充分地接受阳光，从而吸收更多的能量，促进生长。值得一提的是，除了向日葵，

还有许多植物的花或叶子也都能向着太阳生长，虽然它们的向阳性一般不是生长素或叶黄氧化素共同作用的结果，但依然可以在面向太阳的时候获得更多阳光，制造出更多的营养物质，使自己长得更茁壮。

第十节
植物也吃肉——揭秘那些
"无肉不欢"的花草

作为生命的主要形态之一，植物从生态学的角度来看，是不可移动生物。顾名思义，也就是说，从出生伊始，植物生于斯，就必须长于斯，只能通过光合作用吸取能量，靠天吃饭。即便对周围环境不满意，它们也不能随意搬迁；即便身为动物的食物，有敌来袭时它们也无法躲避。无自由，无保障！

大自然的食物链亿万年来形成了固有的规则，弱肉强食，食草动物以植物为食，对此人们已司空见惯。但世界之大，无奇不有，谁说规则铁律不能打破？大自然制定规则以保障万物有序运行，但大自然也常常出其不意，偶尔造出几种生存于常理之外的生物，让自然更加生动，让世界更加完整。皆知虫吃草，鲜闻草食虫，偏偏自然界中还有超过数百种食虫植物，它们就是植物界的传奇，它们的"表演"也分外精彩！

食虫植物就是那些能够诱捕昆虫或其他小动物，并能够分泌消化液将其消化以补充自身养分的植物。食虫植物大多颜色亮丽，外形酷炫，又身具特异的捕虫本领，因此能作为观赏植物备受人类喜爱。

这个神奇的植物杀手家族成员众多，有瓶子草、茅膏菜、狸藻、捕虫堇、丝叶彩虹草、挖耳草、毛毡苔、锦地罗和土瓶草等，但最为人们熟知的是猪笼草和捕蝇草。花开数朵，下文就单表土瓶草这一枝吧。

土瓶草（*Cephalotus follicularis Labill*），又称澳大利亚瓶子草，单科（土瓶草科）、单属（土瓶草属）、单种（土瓶草），原产于澳大利亚西南部湿地中。土瓶草给人的第一印象便是可爱，如同几个胖嘟嘟的小弟弟散坐在草地上，懒洋洋地晒着太阳，很有童话里植物的感觉。土瓶草在阳光直射下，颜色鲜艳；但若生长在光照充足的阴影中，则成为绿色。因为极强的观赏性，目前，土瓶草已被世界各地作为栽培观赏植物引种，据说已成为最受女生欢迎的植物之一，让众多女生对它爱不释手。

那么，土瓶草凭借什么样的绝技从植物逆袭到了"杀手"呢？原来，土瓶草身上兼具两种不同形态的叶片：正常叶片和瓶罐形状的叶片。正常叶片和其他普通植物的叶片一样，可进行光合作用，瓶罐形状的叶片是它的撒手锏，堪比捕虫器，专为捕虫用，"瓶底"备有后招，成千上万的植物消化腺随时可分泌消化液，就在等待食物的到来。

土瓶草的捕虫原理和瓶子草基本相同，即先引诱猎物滑入瓶内，再把它溺死在消化液中，消化液含有能分解蛋白质的蛋白酶等，能让虫子很快消化解体，最终被植物"吃"掉，成为供土瓶草生长所需的"营养补品"。但它俩布置陷阱的方法截然不同：瓶子草需靠蜜腺分泌出的蜜汁来吸引猎物，类似于人们钓鱼，要先支付一些成本做诱饵；而外表可爱的土瓶草则早已抛开了以实物引诱猎物的原始手段。让我们还原一下这个捕猎过程。土瓶草的瓶罐形状叶片的瓶盖内侧有两道紫色的条形斑纹，一直通向瓶内。别小看这平淡无奇的构造，却是一个极具创造性的拟态行为：一般虫媒授粉的管状花都有同样的斑纹，这是植物和一些昆虫共同进化、相互选择的结果，因为这斑纹对昆虫表达的信息是"内部有蜜汁"，于是昆虫爬进花朵进食的同时也帮助植物完成了授粉。土瓶草的这种斑纹在一些昆虫看来就像是饭店门口印着的"0元自助餐"的广告牌，于是乎呼朋唤友，想要享用这从天而降的免费午餐。但结果反转了，原本高高兴兴来吃饭的昆虫，

反被这个土瓶草小弟弟给吞了，而且，还送到了嘴边。

其实，人们很早就开始研究食虫植物了。1875年，达尔文发表了第一篇关于食虫植物的论文，他老人家虽详细描述了茅膏菜用于把昆虫固定到叶子上的触手，但仍属知其然，未知其所以然。但这毕竟引起了人们对这种另类植物的研究兴趣，其后便屡有研究，直到21世纪，科学家检测到了土瓶草的全基因组序列，比较了两种类型叶子的全基因组表达模式后，才得以揭示了食肉植物一些独特的适应行为，如吸引猎物、捕获和消化。

科学家将土瓶草食肉叶子内的消化液与其另外3个远亲阿帝露茅膏菜、菲律宾猪笼草和紫瓶子草的消化液进行比较。原来，在其他植物中参与应激反应相关的基因，在这4种食肉植物中均发生功能转变，而它们的作用就相当于消化液性蛋白。土瓶草的叶片内，与淀粉合成、蔗糖合成及运输等相关的基因通路均发生了富集，这些基因可能与花蜜的形成有关。另外，细胞色素 *P450* 基因家族在土瓶草中发生了扩张，由此使叶片色泽鲜艳。为了使叶片表面光滑，使昆虫轻松滑入瓶底，土瓶草中与蜡、脂合成相关的基因（*WSD1*）也显著表达，蜡状物质最终使得昆虫难以逃离被捕食的厄运。更有趣的是，土瓶草分泌的消化液不仅呈酸性，且含有像动物肠道中消化肉食、骨骼类物质的酶。如几丁质酶，其他植物一般利用这种酶来对抗疾病，而土瓶草则利用几丁质酶分解甲壳动物和节肢动物外骨骼中坚硬且由纤维构成的几丁质。紫色素酸磷酸化酶能够帮助摄取磷元素。这真是武装到基因啊，植物杀手名不虚传！

食肉植物大多生活在高山湿地或低地沼泽中，为了应对缺乏氮磷等营养元素的土壤，虽然这些植物生活的地点不同，但经数百万年，它们却因为相似的基因改变得到了关键的酶，开始把动物纳入食谱，以诱捕昆虫或小动物来补充营养物质，它们以这种特有的方式，顺应了自然环境的变化，在贫瘠的土地上顽强地生存了下来。

大自然的生存之道众多，千姿百态的物种让我们的世界更加丰富，基因的神奇功效让生物具备了更多的神奇本领，也许，更多的逆袭奇迹会发生，那我们就拭目以待吧！

第四章
动物的基因智慧

地球上第一个原始生命出现后，物换星移，千百万的物种不断地出现和消亡，适者繁衍，不适者灭绝，这样的物种演化过程就是地球上深刻而绵长的生命史诗——进化。而其中最为精彩和震撼的故事主角当属动物——生物界的王者。

根据化石研究得知，地球上最早出现的动物诞生于海洋，其后，在不断变换的生存环境下，地球上的动物遵循着从低等到高等、从简单到复杂的进化规则不断繁衍至今，并在如今的地球筑建起各自的家园，让地球生机勃勃。

第一节
发光蛋白——照亮生命科学前进的
指路灯

广袤无垠的蓝色星球上生活着千万种形形色色的生命，其中发光生物无疑是绚丽多姿、光彩夺目的一类。发光生物几乎遍布全球的各个区域，目前已发现有超过 700 个属的生物能够发光，其中 80% 是海洋生物。陆上发光生物最为人熟知的自然是萤火虫了，在夏天夜晚的河边、草丛中经常能看到一点点或一团团萤火虫梦幻般的身影。萤火虫通过点亮自己的身体来吸引配偶，它们发出星星点点的绿色荧光，把夏日夜空点缀得尤为梦幻。而在海洋生物中比较著名的发光生物体要数水母了。在电影《少年派的奇幻漂流》中，有一个异常美丽的经典镜头：主人公漂浮在漆黑平静的海面上，远处闪烁着绿色的亮点，像无数飞舞在寂静夜空中的孔明灯，与摇曳的海水交相辉映，引人无限遐想。在这个画面中，令人着迷的绿色亮点就是一种发光水母。

一直以来没有人知道水母发光的能力是如何进化而来的，好像这种最独特的超能力就是属于它们的。这些美丽的海洋精灵遍布世界，如繁星般点缀着深邃静谧的海洋。千百年来无数的诗人、画家和摄影师用自己的方式记录着它们曼妙的发光时刻，由此创作了很多艺术作品，为人类艺术史增添了一抹亮色。虽然当时没人揭开这层荧光的神秘面纱，但这种特殊的"生物发光"现象一直吸引着无数科学家的目光。

直至 20 世纪中期，一位名叫下村修的日本科学家才着手研究水母独特的发光现象，在他和众科学家的努力下，这个谜团被逐渐揭开。下村修所在的

图 4.1　发光水母

伍兹霍尔海洋生物实验室致力于研究生物的发光现象。1955—1961 年，下村修对萤火虫体内的发光机制进行了深入研究，发现这种小生物的发光需借助其体内一种奇特的蛋白，他将这种蛋白命名为荧光素酶。后来，在导师约翰森的建议之下，下村修决定将研究重点放在多管水母的身上。为此他们经常开车到华盛顿大学的实验室打捞水母，带回位于马萨诸塞州的实验室进行蛋白提取。先前关于荧光素酶的研究为下村修提供了相关经验，他很快便发现在水母伞性区域的边缘聚集着大量能够发光的细胞，并从中分离了一种可以发光的蛋白——"水母蛋白"。

　　探索本是一段既艰辛又充满趣味的旅程，在研究水母发光的过程中就有这样一个有趣的故事。据称有一天，下村修提取了一份不能发光的"失败"蛋白样品，下班前随手将其倒入水池中，并关好实验室的灯准备回家。临走前他例行环视实验室一周，在准备锁门的那一刻，他惊奇地发现水池中竟散发着蓝色的荧光！科学家敏锐的大脑迅速运转，下村修想一定是水

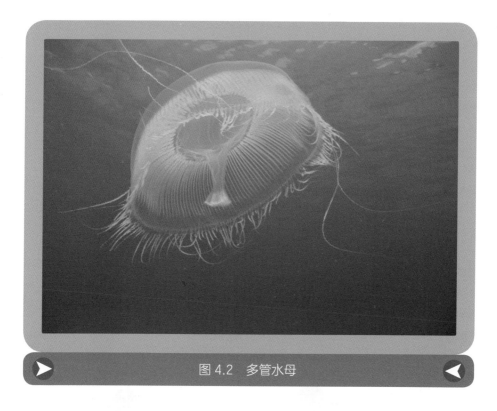

图 4.2 多管水母

池中的某种成分激活了水母蛋白的发光能力。此后的几天，他对水池中可能存在的离子及化学组分进行了逐一筛查，最终发现这种荧光蛋白对钙离子非常敏感，钙离子可以激活水母蛋白的发光能力。下村修通过实验证实了自己的猜想，也就有了之后大名鼎鼎的水母发光蛋白。

机会从来都是留给有准备的人，如果不是下村修长期保持着临走检查实验室的良好习惯，如果不是下村修努力刻苦最晚离开实验室，他可能也不会恰巧在熄灯之后发现水池中发光的"失败"样品。

下村修在分离到水母发光蛋白之后进行纯化，并对它的结构和发光特性进行了仔细的研究，下村修发现纯化之后的水母发光蛋白可以发出蓝色光，而实际上水母发出的是绿色荧光。下村修等科学家由此推测水母体内应该还存在着另一种绿色荧光蛋白，这种绿色荧光蛋白将水母发光蛋白发出的蓝光进行了过滤，从而使水母实际发出的光为绿色荧光。

后来，实验研究也证明了他们的猜测，下村修等人成功分离出这种蛋白并将其命名为绿色蛋白，这就是之后的绿色荧光蛋白（Green Fluorescent Protein，GFP）。在此研究基础上，下村修等众多科学家进一步对绿色荧光蛋白的发光机理进行了初步探究，为解析绿色荧光蛋白的发光机理打下了坚实的基础。而绿色荧光蛋白的另一个发现者美国哥伦比亚大学生物学教授马丁·查尔菲（Martin Chalfie）向人们展示了绿色荧光蛋白可用作发光的遗传标签。

我们知道生命体中的各类蛋白质都是由相应的基因表达后加工合成的，马丁·查尔菲利用基因工程技术，首次在大肠杆菌细胞中利用绿色荧光蛋白基因表达了能发绿色荧光的绿色荧光蛋白，开创了绿色荧光蛋白作为工具蛋白在研究中的应用先河。这一结果证明，绿色荧光蛋白不需要其他辅助蛋白或试剂便能产生荧光，同时也意味着绿色荧光蛋白可作为一个通用标签来标记其他蛋白，这非常便于人们观察与跟踪其他目标蛋白的时间、空间变化，以及蛋白质间的相互作用。绿色荧光蛋白就像车灯，将它安装在任何一辆目标蛋白的列车上，都可以使人"在漆黑的夜晚观察到这辆车前行的轨迹"。在基因工程中应用"荧光标记"，如同举起了一盏明灯，为科学家照亮生命科学的探索之路。

随着对绿色荧光蛋白研究的逐步深入，科学家发现，野生型绿色荧光蛋白本身还存在一些缺陷，亟须进行改造。著名华裔科学家钱永健等很多相关领域的科学家就像一批巧手夺天工的匠人，他们通过对荧光蛋白的基因序列进行改造，生成多种不同氨基酸序列的蛋白质，使得荧光蛋白发光的颜色、亮度及稳定性不断优化，从而更适合应用于活体生物研究。

优化版绿色荧光蛋白问世，开始被更广泛地应用于生物科学领域，在蛋白质的定位、筛选及相互作用的研究中发挥着重要的作用。荧光蛋白计划被称为21世纪应用最广泛、最灵敏的技术，也是现代成像和分子成像技术的基础。荧光蛋白的应用已经广泛深入各个学科领域，极大地推动了世界医学和生命科学的发展。

第二节
领鞭毛虫引领生命进化

地球上最早的生物大约在距今 35 亿年前出现，生命起源之初是简单的单细胞，单细胞生物包括所有古细菌、真细菌和很多原生生物。那么，多细胞生物是如何从单细胞生物进化而来的？通过分析化石记录，研究代表动物家族树中最早分支的物种，以及通过探索动物王国中最接近的单细胞亲属，我们可以回答这个问题。有研究发现，大约 6 亿年前，单细胞生物首次通过基因变异成为更为复杂的多细胞生物，从此改写了物种进化的历史。生命的进化是生命体从单细胞到多细胞、从简单到复杂的过程，而探究多细胞动物的进化起源，还要通过一只小小的单细胞原生动物——领鞭毛虫（*Monosiga brevicollis*）开始。

领鞭毛虫被认为是与动物亲缘关系最近的一种原生动物，领鞭毛虫的特殊构造——触手呈衣领状环绕着鞭状尾巴，即鞭毛——与聚集形成海绵的"领细胞"的基本结构相同。领鞭毛虫的鞭毛是由多糖蛋白复合物构成的叶状结构，围绕鞭毛基部有一透明的细胞质环，称作领，领鞭毛虫的领呈漏斗形，近端窄，远端宽，处于高度动态之中，可以在长领的觅食阶段和短领的散布阶段进行转换；鞭毛周围有一个独特的充满肌动蛋白的微绒毛，用于捕获细菌和碎屑。利用这种高效的捕获猎物的方法，领鞭毛虫将细菌与较高的营养水平联系起来，从而在海洋碳循环和微生物食物网中发挥关键作用。

单细胞向多细胞转变的一个关键步骤是稳定细胞黏附机制的进化。

科学家对领鞭毛虫的RNA 和 DNA 的分析表明，与其他单细胞生物相比，领鞭毛虫可以表达与后生动物蛋白质同源的蛋白质。领鞭毛虫编码一系列不同的细胞黏附和细胞外基质（ECM）蛋白域，这些以前被认

图 4.3　领鞭毛虫的形态

为仅限于后生动物（除原生动物外所有其他动物的总称）拥有。领鞭毛虫体内至少有 23 个基因，编码一个或多个钙黏蛋白结构域，这种钙黏蛋白的同源物在后生动物胚胎发生过程中主要负责细胞的分类和黏附；12 个基因编码 C- 型凝集素，其中 2 个是跨膜蛋白。在后生动物中，可溶性 C- 型凝集素具有从病原体识别到细胞外基质组织的功能，而跨膜 C- 型凝集素介导白细胞与血管内皮细胞的接触、细胞识别和内吞作用的分子摄取等特异性黏附活性。此外，科学家还发现领鞭虫基因组包含表达免疫球蛋白结构域以及 α- 整合素和胶原结构域的基因，这些结构域是动物细胞间相互作用和免疫系统功能所必需的。因此，领鞭毛虫是研究多细胞生物中参与细胞间相互作用和信号转导的蛋白质主要功能的最简单的生物系统。

　　形成的信号分子和黏附分子使领鞭毛虫能够汇聚到一起，这似乎是多细胞动物（后生动物）进化的开始。一般我们认为，由单细胞到多细胞的演变过程非常复杂，需要众多基因共同协作才能实现，但研究发现，领鞭毛虫出现个体汇聚的现象是由单一基因的变异引发的。这个单一基因编码一种甘油激酶蛋白相互作用结构域（Glycerokinase Protein Interaction Domain，GKPID），它们可以沟通、联系其他蛋白质，促进单一生命体之

间的聚合，这种相互作用结构域使单细胞的领鞭毛虫聚集在一起成为单系类群。为了形成和维持体内组织，多细胞生物会将其有丝分裂纺锤体定位于邻近的细胞，由甘油激酶蛋白相互作用结构域构建的分子复合物通过将微管运动蛋白与外部线索定位的细胞皮层标记蛋白连接，来调节纺锤体的方向。在单细胞向多细胞进化过程中，仅仅通过一个相对简单但高概率的基因变异，便演化出了全新的蛋白质功能。分子水平层面的探索可以帮助我们更好地在宏观层面上理解进化的复杂性，同时也推动着动物生物学的发展。

研究发现，当环境中添加生物发光的海洋细菌费氏弧菌（*Vibrio fischeri*）时，领鞭毛虫开始进行有性繁殖以响应由该细菌产生的蛋白质。单细胞生物间的群集现象通常发生在有性繁殖之前，因为它迅速地增加了某一小区域内的生物密度。但是在正常情况下，两个领鞭毛虫自发相遇并交配的情况十分罕见。研究人员利用基因分型确定了这种聚集确实是一种交配行为，而非仅仅是"黏附"或细胞融合，这证实了单细胞生物从无性行为到有性行为的改变。具体来说，产生作用的是一种软骨酶，它可以降解一种存在于领鞭毛虫细胞外基质中的特定类型的硫酸盐分子，而这种酶原来被认为是动物独有的。但如果软骨酶的功能被抑制，那就不会发生领鞭虫聚集。

此外，科学家还发现，领鞭毛虫的细胞内通信网络比系统树上具有更高进化地位的任何多细胞有机体都更为复杂多样。除了含有与后生动物细胞黏附相关的蛋白结构域，领鞭毛虫还拥有大量的酪氨酸激酶及其下游信号靶点。酪氨酸激酶是细胞内信号如生长信号的接收者，它可以通过对蛋白进行磷酸化并在细胞间传递信号，是该信号系统的重要组成部分。磷酸化酪氨酸（pTyr）信号被认为是后生动物特有的，但研究发现，参与磷酸化酪氨酸信号传导的关键结构域在领鞭毛虫基因组中大量存在：磷酸化酪氨酸的酪氨酸激酶域磷酸化酪氨酸 120 个，去除磷酸修饰的磷酸化酪氨酸特异性磷酸酶（PTP）30 个和结合含磷酸化酪氨酸肽的 SH2 域 80 个。而这些结构域在原生动物中是很少见的，例如，酿酒酵母没有酪氨酸激酶结构域，只有 3 个 PTP 结构域和 1 个 SH2 结构域。这些发现支持了一种模式，即在初领鞭毛虫和后生动物谱系分离之前，全套的磷酸化酪氨酸信号机制就已经进化完成。

研究领鞭毛虫体内的酪氨酸激酶信号机制可以为人类癌症治疗提供新的思路。领鞭毛虫体内的酪氨酸激酶基因比人类基因组中发现的还多 38 种，这些酪氨酸激酶具有传递细胞生长、停滞及死亡等重要信号的功能。它们的活性在正常细胞中是严格受调控的，失去控制的激酶缺失是导致癌症的重要原因。人类针对这一发现已经开发出许多成功的抗癌药物，例如用于治疗白血病的格列卫（Gleevec），采用的就是专门靶向攻击不规则的酪氨酸激酶的方法。

第三节
"不死神虫"——水熊虫

众所周知，"小强"经常被用来形容生命力顽强。"小强"的"形象代言人"就是蟑螂，它以顽强的生命力和惊人的繁殖力在动物界稳占生命力排行榜首位多年，但其实早有挑战者跃跃欲试，想要在生命力上与蟑螂一较高下了。这位彪悍"战将"已经现身，它就是"不死神虫"——水熊虫。

水熊虫属于缓步动物，乍一看很像是长了 8 条"腿"的熊，虽然腿前端有着锋利的爪子，牙齿也犹如尖利的匕首，但它有着胖胖的皱皱的脸蛋，圆圆软软的身躯，整体看上去很可爱，它还因此收获了一个别致的艺

图 4.4　扫描显微镜下的水熊虫

名"小美"。谁说可爱的虫子就应该柔弱可欺？在科学家的眼里，它可还有着一个响亮的名号：地球最强生物。虽然被称作"熊"，但它可没有熊那么高大威猛，它体型极小，最小的只有 50 微米，最大的也就 1.4 毫米，大多数都要用显微镜才能看到。虽然体型小，但是水熊虫的生命力绝对不可小觑。有记录的水熊虫大约有 750 余种，它们的生存足迹几乎遍布地球的每一个角落，从你家的后院到很少有人到访居住的南极洲，从幽深的海洋到炎热的沙漠，甚至在严酷的太空环境里都有它的身影。它的生命力到底有多强？这么说吧，无论是身处极热、极寒还是高压、高辐射的环境里，它都能安安稳稳地睡大觉，不会受到半点儿伤害。甚至把水熊虫完全风干脱水，10 年后，给它泡点儿水，它又能满血复活。2007 年，科学家甚至用火箭把它送往太空，身处真空环境和强太阳辐射的双重严酷条件下，水熊虫仍然能够存活，很多雌性的水熊虫甚至还能在太空孵卵，生出健康的幼水熊虫。身为已知的唯一一种能在太空真空环境生存下来的动物，看来即便地球遭遇末日危机，这种小小的生物都会成为最后的生存者吧，"不死神虫"实至名归！生命力这么强，它身上要是没几个无人企及的绝招，那也说不过去。它的不死绝招就是"隐生"，当水熊虫身处恶劣环境时，它不再爬动，8 条腿也蜷缩起来，圆乎乎的身体变得干瘪皱缩，身体含水量降到仅剩 3%，新陈代谢几乎停止，从而维持一种"假死"的状态以保证生命长期的延续。它可以保持这种状态长达数十年之久，甚至有记录表明，它最长的隐生时间超过 120 年。这样徘徊在死亡边缘的它，恰恰变得超级难以被杀死，这怎么都死不了的光环真是耀眼啊！

为了研究水熊虫坚不可摧的秘密，科学家对其进行了基因组测序。结果科学家发现水熊虫具有一个非同寻常的特点：它的基因并非全部来自祖先的遗传，其中竟然有将近 17.5% 的基因组由外源 DNA 构成。奇怪的是，很多基因看起来并不像是动物的基因。科学家最初以为是样品被污染了，但经过反复、仔细地检查和实验，并重建生物祖先的特定基因序列后，科学家证实这些序列既非水熊虫自己"开发"出来的，也不是从别的动物那里获取的，而是从非动物那里偷过来的，超过 90% 的外源基因来自细菌，其他的来自古菌、真菌，甚至还有植物。能够获得如此多的外源基因，水熊虫堪称动物界"偷取 DNA"的头号盗贼。要知道，"失主"们大都有在生物史上存在好几亿年的"老资历"，在应对恶劣的生存环境方面，它们可谓是各有各的高招。所以，当水熊虫把它们的各种优势基因"收入囊中"后，还有什么恶劣环境是它们受不了的呢？怎么样，它们这一套"盗窃术"够高明吧？研究者推测，"偷取"基因这件事，应该不是一次性发生的，而是在漫长的进化过程中不断持续发生的，甚至时至今日，水熊虫依然在盗取其他生物的基因呢！

那么水熊虫这个大盗贼如何将外来基因收为己用呢？很早以前，科学家就已经知道，细菌和其他微生物可以水平基因转移，也就是遗传物质能够在不相关的物种之间进行交换。但科学家又发现，这种遗传发育的方

法也可以发生在动物身上。当遭遇极其恶劣的环境时，水熊虫会慢慢失水变干，这时，体内的基因组会发生断裂，这种现象要是发生在其他动物身上，早就给动物带来危及生命的大麻烦了，但拥有不死金身的水熊虫不仅能逍遥活命，还能因势利导，让这些断裂处成为它"行窃"的工具。当遇到合适的生存条件，它慢慢"苏醒"，体内的细胞会变得千疮百孔，这时，从它周围经过的各种微生物、植物等生物所携带的遗传基因，就乖乖地进入了它的细胞中。最后，水熊虫利用自身 DNA 修复系统（如 DNA 修复基因 MRE11）来修复断裂的 DNA，帮助减轻氧化损伤，从而起到保护作用。

日本东京大学的科学家发现，水熊虫还拥有一种名为损伤抑制的特殊基因 Dsup（Damage suppressor）。该特殊基因能编码具有保护机制的蛋白质，这种蛋白质从水熊虫的胚胎时期就开始大量表达，它可以结合在 DNA 上，并作为"护盾"抵抗逆境胁迫损伤。

看到了生命力如此顽强的水熊虫，你有没有被它吓到呢？别担心啦，水熊虫虽然生命力顽强，但是它们是和平主义者，对环境和人类都是无害的。科学家正利用水熊虫的基因研发解决多种现实问题：比如降低疫苗的成本，不用全程冷链运输保存，在室温下也能保持疫苗的活性。这对偏远的农村诊所或危机地带来说，可以称得上是个绝对的福音。看来，有了水熊虫这个"不死标本"，人类或许还能学到更多极端环境下的生存之道呢。

第四节
蜜蜂王国生生不息之谜

"不论平地与山间，无限风光尽被占。采得百花成蜜后，为谁辛苦为谁甜？"从古至今，人们从不吝惜对勤劳的赞誉，而这首《蜂》则是人们对"动物劳模"——蜜蜂的认可和赞赏。但正如人有善恶，月分盈亏，并不是所有的蜜蜂都是终日劳作、无私奉献的，蜜蜂王国也有分工，既然有终生以采蜜筑巢为己任的"工作狂"——工蜂，也一定有不劳而获，专门受众蜂供养的蜂王。那蜜蜂们是如何明确分工的呢？

蜜蜂是一种社会性昆虫，每一个蜂群就像一个独立的王国。王国中的阶级制度和分工非常严格，有国王、臣子、普通百姓，其成员数量相当于我们一个中小型城市的人口。这个严密有序的王国通常由两种性别的三类蜜蜂个体组成，即一只具有正常生殖能力的蜂王、几十只季节性出现的雄蜂和成千上万只工蜂。

蜂王即国王，众蜂之母，是蜂群中唯一生殖器官发育完全的雌性蜂，负责产卵，寿命长达 5~8 年。它稳坐国王宝座，通过分泌专属的"蜂王物质"来发号施令，维持秩序。雄蜂是蜂群中的少数雄性蜂，仅能存活 3~4 个月，一生好吃懒做，浪荡不羁，对王国的唯一贡献，也是它们生存的意义和终点，就是在命运召唤的某一刻与蜂王交尾，然后死亡。我们一直赞颂的对象其实是蜂群中的工蜂，工蜂是生殖器官发育不完全的雌性蜂，在盛花期寿命通常只有一个月。作为王国中数量最多的子民，工蜂负责采集、哺育、清理和保卫等所有工作，从早忙到晚，劳作到生命的终点，无私奉

献，毫无怨言，实在是令人感佩，"动物劳模"实至名归！

人们不禁疑惑，蜂王和工蜂由相同的受精卵发育而来，本是一母同胞的亲姐妹，为什么却有差异如此显著的生殖能力、外形、寿命和行为特征，以及因此导致的完全不同的生活轨迹？难道工蜂就应该安心认命、任劳任怨，而不能向天高呼"汝安知吾辈之志哉"，逆袭蜂王，改变自己的命运吗？

原来，蜜蜂雌性个体的层级分化是一种典型的表观遗传现象，这种源自基因、渗入血脉的遗传现象是给雌蜂们的记忆烙印，让它们各安天命，延续着蜜蜂王国。一直以来，科学家都在对蜜蜂群体进行大量研究，期望揭开表观遗传学的奥秘。

表观遗传学是遗传学的一个分支。表观遗传是由 DNA 序列之外的某种改变引起的，而不是由 DNA 序列自身的改变引起的基因表达的遗传改变。这些改变通常是碱基的化学修饰，或与 DNA 结合的蛋白因子的化学修饰。这种表现遗传修饰的同时还具有可逆性，在一定条件下可以发生改变。生活中我们看到很多同卵双胞胎携带着相同的基因组，胖瘦高低却也会略有不同，这就是表观遗传修饰发挥调控作用导致的。表观遗传的现象很多，如 DNA 甲基化、组蛋白修饰、基因组印记、染色质重塑以及非编码 RNA 调控等。研究发现，哺乳动物的后天发育环境刺激（如食物、空间）通过 DNA 甲基化、组蛋白乙酰化等方式可以改变基因组的表观遗传状态，进而影响基因的表达。

一样是受精卵，究竟蜂王和工蜂有了怎样不同的遭遇，发生了怎样的表观遗传学修饰，才最终走向了"我为王而你为民"的迥异命运呢？

其实，主要是蜂王浆在"作怪"。蜂群中的工蜂吃完蜂粮后会像牛吃草产奶一般分泌出一种营养价值极高的物质——蜂王浆，专门用来饲喂蜂王和小幼虫。同样的受精卵孵化后，若幼虫仅前三天享用蜂王浆，而后改吃蜂粮，那它就会发育成工蜂。如果孵化后的幼虫一直食用蜂王浆，就会发育成蜂王，而且蜂王终生只享用蜂王浆，身体油光发亮，从不生

工蜂　　　　　　　蜂王　　　　　　　雄蜂

图 4.5　工蜂、蜂王与雄蜂

病，寿命约等于工蜂寿命的 100 倍。同时蜂王具有超强的产卵能力，每日可产 2500 粒卵（是自身体重的 3 倍），这足以让它稳坐国王宝座，一统蜂巢。

人们常说孩子三岁看老，在蜜蜂王国里，那就是三天定命。如此看来环境因素的力量实在是大到可以改变物种的表型。那么表观遗传修饰是怎样在其中发挥桥梁作用的呢？科学家一直致力于破解这个谜题，澳大利亚一科研团队于 2008 年首次将表观遗传学的理念应用于蜜蜂级型分化的研究。研究人员认为这种幼虫时期的饮食差异会影响蜜蜂 DNA 的特定化学修饰——甲基化，从而导致了行为的深度分歧。

何为 DNA 甲基化？DNA 甲基化是表观遗传学最基本的一种形式，是 DNA 的一种化学修饰。DNA 甲基化的过程就是动物体内的"活跃分子"甲基（CH3-）附着在了 DNA 上，就像给 DNA 戴了个"帽子"，戴上"帽子"后基因就不表达了。研究发现蜂王和工蜂间超过 550 个基因存在显著的甲基化差异，大多数"帽子"加在了调控机体关键功能的保守基因内。蜂王和工蜂间的甲基化差异与蜂王浆的摄入脱不开关系。因为蜂王浆能够抑制蜂王幼虫体内的 DNA 甲基转移酶 3（DNMT3），从而降低了 DNA 的甲基化水平，提高了基因的表达水平。譬如科研人员分析了一个名为 *dynactin p62* 的基因，由于该基因甲基化的水平在蜂王幼虫内相对较低，

也就是"帽子"数量少，所以蜂王幼虫体内该基因的表达量就比工蜂幼虫要高。"表观遗传"如同机体的"大管家"，当有些基因不需表达的时候就可以选择直接给 DNA 序列扣上很多小"帽子"，这些奇特的小"帽子"也就成了控制基因表达的开关，一摘一戴间，就成就了蜜蜂不同的命运。

小小蜂群，大大智慧！在蜂王的带领下，"臣民"们各司其职、安居乐业、井然有序，安享大自然的馈赠，也成为大自然的一分子。

与蜜蜂相仿，蚂蚁也是一种典型的社会性昆虫。两物种的群体结构与行为如出一辙。"千里之堤，溃于蚁穴"这句耳熟能详的成语让我们惊叹于蚂蚁群体的力量与智慧，在这个神奇的蚁穴中，所有成员都是同一蚁后的子民，它们有着相同的基因组，但寿命和行为存在着明显差异。有的蚁后寿命长达数十年，而工蚁只能存活几个月。且工蚁分工不同，形态各异。科学家通过不断探索发现，蚁群的这种阶级分化、社会分工同样是表观遗传调控的结果，而并非是基因本身存在差异。

有表观遗传这个"大管家"的命运之手"安排"，蜜蜂王国和蚂蚁王国才能有序运行，好好生存，蜂王和蚁后垂拱而治，是不是很神奇呢？

第五节
超强基因组加持"打不死的小强"

如果要列一个害虫榜，候选虫应该很多，蚊子、苍蝇……选手太多，不可一一列举。但如果在害虫前面加上一个定语"最顽强的"，那名单估计会大大缩水，但无论风云如何变幻，评价标准如何不同，有一位"明星"一定会稳居前排，对，就是蟑螂。蟑螂总是生于糟乱不堪的环境中，它的存在不仅影响人类的居住生活，还携带着多种病菌来威胁人们的健康，蟑螂已被证明携带约 40 种让脊椎动物生病的细菌，其中更有传染麻风的麻风分枝杆菌、传染腺鼠疫的鼠杆菌、传染痢疾的志贺氏痢疾杆菌和引起小儿腹泻的志贺氏副痢疾杆菌等，因此人们不得不采取各种方法来除掉这种害虫。但是，号称"打不死"又岂会徒有虚名，蟑螂一直是人们难以攻克的堡垒，因为蟑螂还拥有另外一个被人们熟知的特性，那就是顽强的生命力，它们被称为"打不死的小强"，蟑螂的生命力可以惊人到什么地步呢？

首先，它们可以抵御各种病原体和杀虫剂，即使生存环境肮脏恶劣，仍然能够健康成长；其次，身体遭受到外界的伤害也可以自愈甚至可以肢体再生；甚至相比其他害虫，蟑螂还拥有超长的寿命；更令人发指的是，它们的繁殖能力也令人瞠目结舌，历史的惨痛教训告诉我们，当你看见一只蟑螂，那就一定有一窝蟑螂在你看不见的地方快乐狂欢。打而不死、杀而难绝。小小一只害虫，竟让人们对它束手无策。蟑螂究竟为什么会拥有超强的生存能力呢？科学家也想一探究竟。于是中国科学家针对蟑螂中的一个品种——美洲大蠊进行了研究，终于得以揭晓答案。

研究人员成功破译了美洲大蠊的全部基因组，他们发现美洲大蠊的基因组数据庞大，在长期的进化中，扩展生出专门用于免疫、化学感应和解毒的基因序列，这使得它们在恶劣的环境下依然能繁衍生息。

比如美洲大蠊超强的抵御疾病的能力，就是源于它们拥有的庞大的抗疾病基因家族，其中有一组叫作"托尔基因"的扩展基因。这组基因让它们拥有了强大的先天免疫能力以及合成和分泌多种抗菌肽分子的能力，强大的免疫系统让它们就像身披钛合金盔甲，即使身处在满是细菌的环境中，也能茁壮成长。

而且它们还拥有各种"化学感应蛋白"，这种蛋白的存在会帮助它们快速地辨认食物是否有毒，能否食用，天然就具有的食物检测功能让它们真正防止了"病从口入"，自然是吃嘛嘛香，身体倍儿棒！不仅如此，研究人员在美洲大蠊的基因组中发现了 154 个嗅觉感受器基因、522 个味觉

感受器基因，它们的嗅觉基因组的数量是其他蟑螂的两倍，也是迄今为止已有数据显示拥有最多味觉感受器的昆虫，灵敏的嗅觉和味觉，充分帮助它们寻找自己能吃的食物。美洲大蠊是杂食性昆虫，食谱极广，它们的食物复杂多样，但它们也会有偏爱的食物，比如含淀粉和糖较多的食物以及污染食物。美洲大蠊的食量大小与其生理活动的活跃度成正比，它们在一年中的 7 月、8 月、9 月食量最大，这也是它们繁殖最为旺盛的季节。可怕的是，美洲大蠊均有耐饥饿、不耐干渴的习性，连续 5 天不给食物，它们仍能生存并四处活动，但若连续 5 天不给水，只喂干粮，它们多数还是会死亡，或处于蛰伏状态。但对人类来说幸运的是，它们还有一种非常重要的行为习性，即互相残杀，即使在食物、饮水供应充足的条件下，它们仍频有互噬的现象，包括食卵、噬皮蜕、噬幼龄若虫和噬蜕皮若虫等情况，也幸亏如此，否则，族群无限扩大，会给人类带来更多麻烦。

在美洲大蠊体内，负责代谢有毒物质的基因家族也很大，早在人类统治世界之前，它们就演化出了这种机制，蟑螂之所以形成对有毒物质的耐受性，一是由于生活环境里富含产毒细菌，二是由于它们多食用腐烂植物。目前已知，美洲大蠊的基因中编码离子型谷氨酸受体的数目达到 640 个之多，并有一套复杂的、包含多种酶和异型生物质转运蛋白的对抗毒物的生理系统，防毒抗毒能力超强。最近，研究人员又在另一种蟑螂——德国小蠊的基因组中发现了一种基因，可以编码降解复杂有机分子的蛋白，被称为 P450s 的细胞色素氧化酶基因。无独有偶，研究人员在美洲大蠊新的基因组中也发现了这种基因，通过研究发现，这种酶可以让它们有效抵抗部分农药。外有坚盔利甲，内筑铜墙铁壁，最强小强实至名归。

尽管美洲大蠊自身能够对这些细菌免疫，并且在不卫生的环境中顽强生存，但它们的活动依旧能让疾病和传染病大肆传播，这也是它们被称为害虫的原因。

蟑螂之所以成为世界公敌，与其分布面广，适应性强有关。比如美洲大蠊原产于非洲北部，在 16 世纪才出现在美洲，如今却已遍布全球各地。

那么这种生物如何从在单一温暖湿润的环境中生存，转变到适应全球的环境呢？通过研究发现，蟑螂的基因组规模与人类的基因组规模相当，拥有33亿个 DNA 碱基对，在昆虫中仅次于飞蝗，更重要的是它们还拥有掌管着特殊生理机能的扩展基因组群。所以科学家必须要充分了解它们的基因组，这样才能找到问题的根源，制敌于要害，有效地采取防控措施。

当然，美洲大蠊的一些"优点"也很值得我们探究，它们不仅能抵御各种疾病，还具有肢体再生能力，我们何尝不利用它们的这些"优点"，在医学上造福人类呢？有记载表明，美洲大蠊是传统中药材，拥有巨大的医疗价值，提取物可以给人类治病、美容，这些在《神农本草经》《本草纲目》《本草经疏》等中国传统医书中多有记载。目前，西昌已经建立全球首家美洲大蠊 GAP 养殖基地，利用西昌独特的地理优势，通过指纹图谱技术全面控制原料品种和质量，养殖出卫生安全，可放心入药的美洲大蠊。

用胜于防，变害为宝，当科学家破译了美洲大蠊的基因组，小强也终于可以为人类做出些贡献。现在，小强需要担心的恐怕就是自己在"害虫"榜的排名了吧？

第六节
"特立独行"的超级奶爸——海马

不知道你的童年记忆里有没有这样一个形象，它每次出现都喊着："阿钟来了，阿钟来到大西洋了！"它叫马卡斯，是日本动漫《海王子》中反派波塞冬的传令兵，正是马卡斯让我认识了一种神奇的动物——海马。海马（ *Hippocampus* ）是一种模样特别的海洋动物，小小的鱼身却顶着一个大大

的马脑袋似的头，并且总是高高地扬着头。在希腊神话中，海马被称为马头鱼尾怪，是希腊神话中的一种海中怪兽，是海神波塞冬的坐骑。那么海马究竟是鱼还是马呢？

图 4.6　美丽的海马

海马是属于海龙科海马属的小型的硬骨鱼类，是海洋生态系统中重要的环境指示物种。它的头部与身体之间的夹角接近直角，所以被称为"马"。海马在水中总是直立着身体，依靠扇动小而几乎透明的鱼鳍来游动。海马游动速度缓慢，不善攻击，也没有太强的防御能力，所以只能通过巧妙地伪装自己来躲避敌害的袭击。因此，海马喜欢栖息在长满海草的环境中，比如藻丛或海韭菜繁生的潮下带海区，用卷曲的尾巴将自己缠绕在海藻上，有时也倒挂在漂浮着的海藻或其他物体上，使自己完美地融入周围环境，静享和谐。

由于海马的骨骼小而脆弱，容易被压碎，难以保存下来成为化石，所以我们无法从化石中寻找海马进化的蛛丝马迹。曾经有生物学家发现一种叫作矮烟斗海马的鱼类与海马形态非常接近（虽然矮烟斗海马是横向游泳的鱼），于是他们比较了海马与矮烟斗海马的基因，发现这种横向游泳的鱼实际上是海马的祖先。那么，海马究竟在什么时候进化出直立游泳的特性？又为什么进化成现在这种形态呢？通过对海马的全基因组进行测序和分析，科学家揭示了海马在长期适应环境的过程中发生适应性进化的机理。

通过构建系统发育树，科学家发现海马在已知全基因组序列的鱼类中进化速率最快，海马与其他硬骨鱼类发生分化的时间约在1亿年前。更为有趣的是，相比于其他硬骨鱼类，海马在蛋白树中的枝长更长，说明海马分支中相关蛋白质的进化速率更快，且海马相比其他硬骨鱼类，核苷酸的进化速率更快。这或许跟海马特异的体形和行为有某种关联。海马主要栖息在海洋近岸和珊瑚礁海域，其行为和生理特征已经适应了特定的海洋生态环境。

海马的头部为什么像马？对海马的非编码调控元件（CNEs）的整体分析能够很好地解答这个问题。与其他已知鱼类相比，海马的非编码调控元件发生了严重的缺失。对模式生物斑马鱼的转基因研究也进一步证实，与体形相关的 Hox 基因非编码调控元件的缺失对海马"马头鱼尾"的身体形态起到了调控作用。

研究发现，海马跟环境适应相关的基因在长期的进化过程中发生了明显减少，如嗅觉受体基因（ORs）。海马的嗅觉受体基因是已知的鳍刺鱼类中最少的，只有26个，而其他鱼类多达60~169个。嗅觉基因的缺失可能受海马生活习性的影响——它们主要在近海和岛礁环境中生存，对嗅觉的要求不高。另外，海马的周身包被角质皮层和环骨，并覆盖着一层薄薄的皮肤。它头部前端的吻把猎物连海水一起吸进嘴里，直接进入消化系统。海马没有鳞片和牙齿，这是它们主要参与骨骼、牙釉质和牙本质等的形成的分泌型钙结合磷蛋白（SCPP）严重缺失导致的。SCPPs 基因大致可分为两类：酸性 SCPPs（acidic SCPPs）基因和脯氨酸/谷氨酰胺富集 SCPP（P/Q-rich SCPP）基因。酸性 SCPPs 主要调控骨骼和牙本质的矿化，而谷氨酰胺富集 SCPPs 则主要参与搪瓷和釉质的形成。研究人员在海马中找到了两个酸性 SCPPs 基因，但未找到谷氨酰胺富集 SCPPs 的功能基因，因而我们认为，海马无牙可能是与 P/Q-rich SCPP 基因的完全缺失有关。有用则进，海马也会聪明而精确地选择对自己有用的本领，比如视觉，研究人员认为：近海风浪较大，水流较快，海马的视觉非常发

达，能敏锐地看到活动的东西，便于捕捉食物、逃避敌害，这是一种生存的补偿。

为了适应直立游泳的运动方式，海马在长期的进化过程中果断舍弃了对其无用的腹鳍。证据当然也可以通过基因的研究来找到。研究人员将海马和其他鱼类全基因组比较后发现，在哺乳动物中主要参与调控下肢的形成发育的 tbx4 基因在海马的基因中已经消失无踪。对比其他动物，如老鼠中该基因的失活会导致其下肢无法发育成形。科学家又通过基因编辑的方法在斑马鱼中进行验证，在研究过程中敲除斑马鱼的 tbx4 基因会导致斑马鱼的腹鳍完全丢失，但其他表型没有发生改变。这证实了 tbx4 基因的丢失是海马腹鳍缺失的关键原因。正因为这个小小基因的"自杀"行为，使得海马"众鱼皆游我独走"，成为海洋鱼类中"特立独行"的一员。

除了昂扬的姿态，更与众不同的是，雄性海马这种小生物还是尽职尽责的"超级奶爸"呢。雄性海马腹部有一个育儿囊，像袋鼠妈妈的育儿袋一样。进入繁殖期后，雌性海马把卵子排到海马爸爸的育儿囊中，海马爸爸不仅要给育儿囊中的卵授精，还要负责"怀孕"——受精卵与海马爸爸育儿囊内壁结合到一起，育儿囊内壁密布着微血管，可以为胚胎的发育提供氧气和养料。当胚胎发育成幼崽，海马爸爸就把它们一个一个"生"下来，小海马开始独立生活。奶爸育儿，实在羡煞其他动物妈妈！

那么海马这种雄性育儿的特殊习性又是怎样形成的呢？有问题，找专家；解谜题，查基因！科学家通过分析虾红素金属蛋白酶中的 c6ast 基因家族，找到了它们的家族成员，包括孵化酶、高绒毛膜酶及低绒毛膜酶。c6ast 基因家族能够在硬骨鱼类的身体中引起绒毛膜裂解，来辅助胚胎孵化。科学家还发现，这个基因家族的另一个亚家族——Patristacin（pastn）在海马中发生了扩张。在海马的 6 个 pastn 基因中，有 5 个虾红素基因在海马怀孕中期及后期的雄性海马育儿囊中高度表达。虽然在剑尾鱼的 c6ast 基因家族中也有结构和组合方式与 pastn 基因类似的基因，但海马体内 pastn 基因的进化模式似乎是独立的。海马与剑尾鱼的扩张分别发生在两个不同但相近的分支，*pastn* 的扩张可能使得两种鱼得到新的，且相似的功能——剑尾鱼雌性卵胎生，海马雄性怀孕。在海马爸爸孕育小海马的过程中，*pastn* 基因还能够提供包括生理、营养、免疫等在内的一系列调控，并且能够对海马宝宝进行保护。这些发现使我们在解开海马"奶爸"

图 4.7 怀孕的"超级奶爸"

育儿之谜的道路上迈出了关键的一步。

通过对海马基因组的分析，我们仿佛能够看见，在遥远的亿万年前，海马祖先在暗流涌动的海底，寻找到最适合自己的生存方式，躲避天敌，繁衍后代。在漫长的自然选择过程中，海马通过体内基因的选择，最终进化成深海里与众不同的小精灵，为神秘的海洋世界增添了一抹亮色。

第七节
断尾再生术——壁虎保命绝技如何练成

"物竞天择，适者生存"是地球上每种生物必须遵循和适应的生存法则。几十亿年的时光沉淀，依然能繁衍生息至今的每一位地球"居民"都有其独特的生存技能：大象体型巨大"稳重如山"，猎豹身姿矫健"伶牙

利爪",瞪羚身手敏捷"奔跑如飞"……动物的各种本领既能帮它们适应环境,好好生存,又能在危机时刻帮助它们保护自己。但是还有一种动物的生存特技更加惊人,那就是——壁虎。没错,身形瘦小、四肢粗短的小壁虎可是有着一种独特又有效的绝技——"再生术"!当受到外力牵引或者遇到敌害时,壁虎的尾部肌肉会强烈地收缩致使尾部断落。此时的断尾神经依然存活,刚断落的尾巴不停地跳动,往往能成功吸引迷惑敌人,给壁虎争取逃跑的宝贵时间。得以逃脱的壁虎在一个月左右又能长出新的尾巴。这种逃逸行为在生物学上叫"残体自卫"或"自截"。不只是壁虎,我国现存的壁虎科、蛇蜥科、蜥蜴科及石龙子科等有鳞目爬行动物普遍拥有这种技能。"丢车保帅"以求生存的做法可以说是大自然进化和选择的奇迹。

壁虎为什么会拥有"自截"和"再生"这种与生俱来的超能力呢?我们还得从它们自身的特殊结构以及它们所拥有的神奇基因说起。

动物的尾巴之所以能够灵活摆动,主要是因为它们的尾骨是由多个短的椎体首尾相接而成的,两个椎体之间的关节可以让尾巴上下左右活动一定的角度。而壁虎尾巴的特殊之处则在于其单个椎体中间部分存在

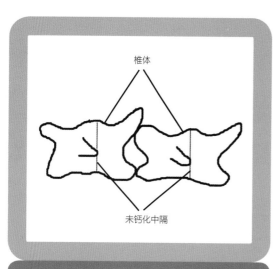

图 4.8　壁虎尾骨椎体中存在未钙化中隔

特殊的未钙化中隔,我们称其为软骨横隔。当壁虎遇到紧急情况时,此处会因尾部肌肉强烈收缩而断开。同时,它们的尾部肌肉还有奇妙之处,这里的肌肉由肌纤维组成的肌束排列而成环型,这就好比在尾巴的软骨横隔处套了一圈圈的橡皮筋,只是这橡皮筋只有在壁虎神经受到突然刺激时才会猛烈收

缩。而收缩的完成则是由特定基因的表达产物来完成的，其中最重要的当属 *Actin* 基因：不同 *Actin* 基因编码花生果似的球状肌动蛋白（Globular Actin，GA）和纤维状肌动蛋白（Fibros Actin，FA）。当危机来临，警报响起，应急机制瞬时启动：纤维状肌动蛋白犹如"纤绳"，起链接绑定作用；球状肌动蛋白犹如"纤夫"，紧抓并拉动"纤绳"，二者高度有序排列，共同完成肌肉的收缩。至此，逃跑任务顺利完成，壁虎本尊逍遥远遁，只剩下残尾一段，以及天敌的"一声叹息"。

断尾其实并不稀奇，稀奇的是再生。正如壁虎能够重新长出尾巴，实际上，动物界存在诸多的器官再生现象，如蝾螈断腿后能长出新腿，涡虫水母被切成两段后可以长出整个身体，梅花鹿被割去鹿角之后再生出新角。这样的再生能力着实让人类羡慕不已。可以想象，如果人类完全解开再生之谜，掌握再生之术，伤口复原、断指再生、器官修复甚至是返老还童将不再是遥远的梦想！

然而，看似简单的断尾再生，其间却蕴藏着很多秘密，涉及诸多问题。经几代科学家的不断努力，人们已经对壁虎断尾再生所涉及的重要物质和过程有所了解。比如，软骨横隔处的细胞始终保持多能性，可以不断分化；尾部有一种名为放射状神经胶质细胞的特殊干细胞，在壁虎的尾巴脱落之后，这些原本十分平静的细胞会突然"躁动"起来，并快速地分泌大量促进修复的蛋白质；纤维粘连蛋白基因（*Fibronectin*）快速启动表达，其产物促进细胞黏附和组织修复。虽然已经了解了壁虎断尾再生的基本机制，但再生程序的启动由什么物质决定困扰了科学家很长时间，后来，科学家终于找到了可能的答案：*EGR* 基因（Early Growth Response）——早期生长反应的"主控基因"。

美国麻省理工学院的进化发育生物学家曼西·斯里瓦斯塔瓦（Mansi Srivastava）研究组于 2019 年 3 月 15 日发文称，他们发现了早期生长反应的主控基因，为一段非编码 DNA。一旦 *EGR* 基因开关被激活，就可以调控其他更多基因，打开或关闭许多生理过程，包括生物各器官组织的

图 4.9　再生中的新尾巴

再生。对壁虎来说，断尾产生的强有力信号，打开了 *EGR* 基因开关，基因发出指令启动尾巴再生所需基因进行复制、转录和翻译，进而开始一系列再生生理过程，最终长出新的尾巴。对于再生医学来讲，*EGR* 基因的发现并不是结束，而是开始。我们已经找到了通往神秘世界的大门，而想要知道门内蕴藏着什么秘密，还需科学家上下求索。

可以想象，随着生命科学的发展，再生医学或许将迎来新的突破。人类身体里的"坏零件"竟能更换成适用的"好零件"，残缺的肢体可以更换或再生。拥有再生技术后，人类不仅能够延长寿命，还能提高生活质量。在基因技术的庇护下，这样的梦想看似遥不可及，却又触手可及。

第八节
染色体倒置带来的"跨型联姻"

"树上的鸟儿成双对，绿水青山带笑颜"，这句人们耳熟能详的黄梅戏唱词描绘了鸟儿在自然美景中成双成对的景象。但有那么一种鸟儿不走寻常路，它们也是成双成对，却偏偏不喜欢同类，这种鸟儿就是白喉带鹀。自然界中绝大部分的动物都会选择向自己的同类求偶，以便繁衍后代，白喉带鹀因为不喜欢同类显得尤其独特。白喉带鹀有两种类型：一种是白眉，另一种是棕眉，然而棕眉只愿意和白眉交配，白眉也只愿意对棕眉求爱。自古异性相吸，白喉带鹀开启异"型"相吸，是不是也很有趣？

你是不是很想深入了解一下这么有意思的鸟儿？白喉带鹀是北美特有的一种小型鸟类，灵活机敏，生活在针叶林和混合林地，桤木和桦木林区，森林边缘和灌木的开放地带。它们在灌木丛下或接近地面低植被区域觅食，喜欢食草，喜欢在草丛中或在灌木丛里采食浆果，当然它们还会时不时啄食些昆虫换换胃口，生活得十分舒适惬意。

从外观上看，白眉和棕眉这两种鸟儿虽然只有微小的差异，但它们在其他方面大相径庭。白眉是优秀的歌唱家，可是脾气暴躁，非常花心，一夫多妻，对自己的后代也漠不关心。棕眉虽然嗓音不如白眉那样动听，可是性格温和，一夫一妻，对自己的伴侣十分忠诚，非常顾家。这样天差地别，"价值观"迥异的两种鸟儿却只愿意和对方交配，是因为喜欢对方的外表，还是另有隐情？这一点实在让人难以琢磨。

科学家也关注到了这一点，他们称这种情况为非选型交配，并对此进

图 4.10　白喉带鹀

行了研究，原来白喉带鹀具有一对与众不同的染色体——2号染色体。棕眉的2号染色体完全一样，但是白眉的2号染色体有一段倒置的染色体片段。科学家觉得这种现象很奇怪，并敏感地意识到这或许就是揭开谜团的一个关键线索，他们大胆猜想：正是由于白眉和棕眉的配偶选择，导致了白眉的2号染色体倒置，从而维持了该鸟型的染色体变异，这个猜想让科学家找到了研究问题的头绪。

随着基因组技术的不断发展，科学家找到了事情的真相：原来白眉的2号染色体不是发生了一次倒置，而是发生了多次倒置。在2号染色体上，有一段基因不能通过相互配对来交换信息，这段染色体大概包含1100个基因，被称为"超级基因"。就是这个超级基因导致了白喉带鹀分化成为两种表型以及四种性别，分别是：白眉雌性、白眉雄性、棕眉雌性和棕眉雄性。它们彼此的行为和交配方式不同，只能交叉配对，并且只有眉目颜色不同的小鸟才能繁衍后代。所以，并不是白喉带鹀的婚恋方式独特，而是基因决定它们的选择！

科学家不仅要解开白喉带鹀性染色体的奥秘，更多的是想要通过研究白喉带鹀的异型恋，了解染色体的进化过程。自1902年麦克朗在直翅目昆虫中首次发现了性染色体以来，性别就和性染色体画上了等号。性染色体是决定个体雌雄性别的染色体，哺乳动物的性染色体用 X 和 Y 表示。部分动物（蜥蜴、鸟等）的性染色体用 Z 和 W 表示。然而白喉带鹀的 2 号染色体不是性染色体，却能决定它们的择偶和繁殖习性，这足以说明常染色体变异之后，也有可能会行使性染色体的功能。换一个角度考虑，常染色体转变成性染色体，或许就是性染色体的一个进化过程呢。

然而，关于白喉带鹀还有很多谜团没有解开，比如白喉带鹀为什么会进化出 4 种性别。而且相对于其他鸟类，白喉带鹀择偶如此困难，它们的选择只有整个群体的 1/4，这种繁衍困难会引发白喉带鹀怎样的演变？它们是否会在未来的某一天面临灭绝的危机？这些都有待科学家去揭晓谜底。

▶ 小窗口

大自然中还有很多关于性别的奇闻逸事值得我们一探究竟。有一种单细胞生物——四膜虫，这种虫子居然有 7 种性别，而且性别完全是随机的，子代的性别可能和父母的性别都不同。除此之外，一些外界的因素也能决定性别，比如一些爬行类动物和部分昆虫能根据温度决定性别；我们所熟知的蜜蜂会根据染色体倍数决定性别；一些在海洋中群居生活的鱼类甚至会根据群体中的性别比决定性别。我们不禁感慨，好歹是决定一生的性别大事，这些动物朋友们如此随意，真的好吗？生物的本能就是繁殖，因此性染色体一直是生物体中最微妙神奇的一部分。在性染色体研究的这个领域中，我们还需要进行更深层次的挖掘，充分了解性染色体神秘的进化过程，这样才能更深地领略生命的奥妙。

非选型交配 指个体选择与自己不同型的个体交配的方式。非选型交配可以避免发生近交，并有利于增加后代的遗传多样性。

第九节
从盘中餐到掌中宝——小型猪的
"华丽"变身

提起猪,映入大家脑海的可能是猪八戒的肥硕形象吧!"二师兄"们一般体肥肢短,憨态可掬,肉质肥嫩,兼具营养与美味,是人类重要的食物来源之一。不过,随着社会的发展和技术的进步,可爱的猪也迎来了"华丽"变身,开始走向人们的掌中,这就是人类的新宠——小型猪。

顾名思义,小型猪与传统猪的最大区别就是个头,与传统猪动辄上百千克的庞大身躯相比,小型猪一般体重只有几十千克,最小的小型猪即便发育成熟,体重也仅有约 12 千克,可谓娇小。小型猪与传统猪的第二个区别是味道,小型猪是杂食性动物,喜爱清洁,睡觉和排泄都有相对固定的地点(鉴定确认,猪是家畜中最爱清洁的动物)。此外,小型猪更有"模范"特质,它们的部分器官的生理结构及系统与人类的极其相似,脏器的重量也接近人的器官重量,可以做较为理想的人类疾病模型动物。

随着社会的发展,人类更加注重生活品质,很多人都开始养宠物,丰富自己的生活,让自己有更多的情感寄托。融入家庭的宠物也从开始的猫狗,到现在多样化的宠物种类,小型猪也逐渐成为人类的新宠。

助力小型猪华丽变身的"大功臣"是谁呢?科学家有话说!研究发现,小型猪体型的改变是由于其体内的垂体特异性转录因子(Pituitary

图 4.11　小型猪

Specific Transcription Factor）*PIT-1* 的突变引起的。*PIT-1* 基因的突变影响了其他相关基因的表达和蛋白质的合成，最终使得猪的生长发育受到限制，不会发育成较大的体型，而是保持相对"娇小"的体型，使其能够"小猪依人"，走进人们的家庭中。

　　PIT-1 基因在哺乳动物的垂体发育和激素表达过程中起着重要作用。研究表明，*PIT-1* 参与激活 *GH*、*PRL* 和 *TSH* 基因的表达，通过调节这些基因的表达可以进一步影响畜禽的生长、发育、繁殖和免疫等方面，即对上述三种基因合成的激素起到正向调控作用。反证则是，在由多种垂体激素缺陷而导致侏儒的鼠和人类中均已发现缺少 *PIT-1* 基因的活性，由此可推断，*PIT-1* 基因的变异可导致垂体发育不全，进而阻碍 *GH*、*PRL*、*TSH* 三种激素的分泌，导致个体矮小。

　　小基因，大功效，以一带三，PIT-1 基因以一己之力帮助小型猪甩掉了"一身肥肉"。这场小型猪变新宠的主导自然是 PIT-1 基因，而它带领的 GH、PRL 和 TSH 基因也不容小觑，各有一身本领哟！

　　生长激素（Growth Hormone，GH）是一种单链多肽激素，由垂体前叶嗜酸性细胞分泌，该激素在出生后的生长过程中发挥着重要作用。生长激素是一种生长调节素，在骨骼和软骨细胞生长、分化，蛋白质、糖类和脂肪代谢中具有广泛的生理作用。除此之外，生长激素还调控着其他多种生理活动，比如性腺的成熟、渗透压的调节、哺乳动物的免疫调节。生长激素就像一个控制阀门，能够有效控制小型猪的日增重，从而使小型猪可以保持"好身材"。研究表明，用生长激素处理的猪，蛋白质的合成增加 70% 左右，眼肌面积增加 14%~26%，胴体中肌肉所占百分比显著增加。另外，生长激素还可以对脂肪合成关键酶起抑制作用，从而降低脂肪含量。这就是小型猪能有效"减肥"的奥秘，生长激素居功至伟。

　　催乳素（Prolactin，PRL）是一种多肽类激素，由垂体前叶合成和分泌，因最初发现其具有促进泌乳的功能而得名催乳素。催乳素的成名绝技是促进泌乳，这一绝技是通过调节哺乳动物乳腺、卵巢的生长和分化过程实现的。现在，催乳素的免疫调节作用也日益受到关注，因为催乳素不仅可以调节生理性细胞免疫及体液免疫反应，对于病理状态下的细胞免疫及体液免疫功能的调节也发挥了十分重要的作用，从而综合调控机体的免疫。这样看来，催乳素在护卫小型猪的健康方面也很厉害吧！

　　促甲状腺素 β（Thyrotropin-beta，TSH-β）基因的撒手锏则更为强悍，直接影响甲状腺激素的分泌和作用。促甲状腺素 β 是一种垂体激素，它的作用是刺激甲状腺滤泡的生长发育，并参与合成甲状腺激素的一些步骤，包括碘的吸收、有机物的结合、酪氨酸的偶合和甲状腺素（T_3、T_4）的释放。而甲状腺素在机体的生长和成熟、神经系统和心血管系统功能的发育过程中发挥着重要作用。促甲状腺素的产生和分泌受下丘脑分泌的促甲状腺素释放激素（TRH）的作用；同时促甲状腺素又可以调节甲状腺素（T_3、T_4）的分泌。三种激素可以通过反馈作用和负反馈作用维持机体内在活动的动态平衡。当血液中甲状腺素浓度较低时，机体会通过反馈作用促进垂体前叶分泌促甲状腺素，促甲状腺素的增加会导致甲状腺合成与分泌甲状腺素的速度加快，从而增加血液中甲状腺素的浓度。当血液中甲状腺素浓度增加到一定程度后，机体又会通过负反馈作用抑制促甲状腺素的分泌，使甲状腺合成与分泌甲状腺素的速度减慢。如此一来，小型猪不仅有效减肥了，而且体形更好看。

在小型猪的"瘦身塑形"战役表彰会的总结中，热烈的掌声一定要送给 $PIT-1$ 基因团队：正是作为统帅的 $PIT-1$ 基因带领着 GH、PRL 和 TSH 三员大将，成功助力了小型猪的华丽变身。$PIT-1$ 基因通过自己"变身"，让小型猪发生侏儒症，才让它变身成为宠物猪。

除小型猪外，小型鼠、小型羊、小型牛等动物中均存在垂体特异性转录因子基因，人们可以通过改造这个基因来获得更多的小型动物，或用来丰富自己生活，或用来增加科技成果。另外，人类侏儒症与垂体特异性转录因子基因有关，通过研究它的突变或许会给侏儒症的治疗带来新的思路和进展。目前，世界上许多国家都重视小型猪的生产发展，这样的"备受瞩目"离不开小型猪广泛的用途。小型猪在科技、餐饮、生活等领域都有非常重要的意义，因而广受欢迎。

小小基因力量大，基因智慧让小猪华丽变身，也将为人类带来更好的生活环境和更为广阔的发展前景，让我们拭目以待！

第十节
从猛兽到宠物——基因证明我爱你

狗（犬科动物，亦称"犬"）是人类最好的朋友。"狗吠深巷中，鸡鸣桑树颠"，这是乡村闲情；"柴门闻犬吠，风雪夜归人"，这是归家暖意。最初帮人们狩猎牧羊、看家护院的家畜，如今成为与人们朝夕相伴的宠物，被亲切地称为"汪星人"。在生活节奏快、工作压力巨大的背景下，拥有一只暖心的小狗，给自称"铲屎官"的主人带来的幸福感是不言而喻的。然而小狗被普遍认为是由一种凶猛的野兽——狼驯化而来的。从凶残嗜血的猛兽到温顺忠诚的宠物，这个神奇的演变是如何发生和发展的呢？

狼与人类生活的第一次交集出现在漫长的自然进化中的哪个时间节点已经无从考证了，有学者认为，早在 1.4 万年前的亚洲东南部，就已经有被人类从野生狼驯化而成的"家狼"，它们能看家、善护院，是人类打猎的帮手，甚至是玩伴。想要探寻和回溯时间长河之中的真相，科学家不会放过任何蛛丝马迹。此时，两个分别从比利时和西伯利亚地区出土的狗头骨就显得尤其关键。通过研究这两个距今至少 3.3 万年的头骨，美国亚利桑那大学的研究人员推断，从狼到狗的驯化可能起源于 3 万多年前。当然时间可能更为久远，有学者认为驯化可能发生在 5 万年之前，毕竟有个成语叫"野性难驯"，从凶猛的狼演变成温顺的狗，这样长的时间才更显得现实。

至于是什么人、在何时完成从狼到狗的驯化在学术界也一直颇有争议，甚至形成了"亚洲"派、"欧洲"派和"非洲"派，三派争论不休。基因研

图 4.12　外形酷似狼的狗

究技术的发展为我们追溯狗的起源提供了可能。

观点一 "东亚说"：狗起源于中国？

东亚起源这种说法开始流传的时间最早，2005 年，人类首次破译了狗的基因组，认为东亚地区是狗被人类驯养最早的地方。这与科学家早期的一项在东亚对犬基因组的破译结果是一致的，其比较典型的观点是狗起源于中国。为了进一步证实这一说法，以来自亚洲（尤其是东亚地区）、非洲和欧洲的 1500 多只狗和 40 只狼为实验体，中国和瑞典的科学家收集了它们的线粒体基因组，同时利用基因组测序技术对 8 只狼和 169 只狗的线粒体基因组序列进行了几乎完整的测序，识别出 10 组不同类型的 DNA。实验显示，从来自中国云南省和贵州省的狗身上找到了所有的 10 组 DNA，而从来自欧洲的狗的身上只找到了其中 4 组。这项研究首次为

犬类的诞生提供了较为详细的信息。随着研究的深入，以及对犬类历史的研究，最终，科学家得出结论：犬类具有唯一的地理起源，目前世界上所有种类的犬都起源于约 1.6 万年前中国长江流域南部的灰狼。这项从 DNA 片段上升到基因组层面的研究证实了狗的起源。回溯历史，在 1 万 ~1.2 万年前，中国长江流域地区的人们就不再仅依靠打猎、采集野果生存，开始发展农业。由此可见，人类生活方式变化的时间与科学家推演的犬类诞生的时间可以准确契合。

但是，这项研究的结论也面临着许多的质疑，因为线粒体 DNA 只能反映母系遗传，仅仅针对线粒体 DNA 进行的研究和比对结果是片面的，并且该研究也没有得到狗类化石的印证。

观点二 "欧洲说"：狗起源于欧洲？

也有研究人员通过对基因组的测序和化石对比，得出了与"东亚说"截然不同的结论：狗是由欧洲人驯化的。他们通过线粒体 DNA 序列对比的方法，对比了 18 种犬科动物、49 只现代狼和 77 只现代犬的线粒体 DNA，根据对比结果构建了线粒体 DNA 遗传系统树，并通过遗传系统树确定了 4 个现代犬进化分支。他们认为，在该项研究中，几乎所有的现代犬都与古欧洲的犬科动物显示出更为密切的亲缘关系，而与来自中国或东亚的狼则亲缘关系较远，因此可以认定欧洲才是狗驯化和起源的中心。这项研究还表明，如果以线粒体 DNA 为线索进行追踪，所有的家犬与狼都汇聚到 3.2 万年前的一个共同祖先雌狼身上。但这项研究从严格意义上来说并不全面，没有细胞核 DNA 和 Y 染色体 DNA 的测序和比对结果加以佐证，仅仅检测狼和狗的线粒体 DNA 不足以提供足够的说服力。况且，这项研究中也缺失了中东或中国的狼和狗的 DNA 比对结果，因此无法证实欧洲是狗最早出现的唯一地区这一结论。

观点三 "西亚说"：狗起源于西亚？

"西亚说"也是很热的论点，部分研究人员一直坚持"狗起源于西亚"的理念，他们同样利用基因组测序技术，测定了 12 只狼和 14 种品种各异的狗（共 60 只）的全基因组序列。通过比对发现，家犬与灰狼基因相似性能够达到 99%，主要的基因差异只有 Amy2B 基因——这是一种影响淀粉消化的基因，狗体内携带了这个基因的 4~30 个拷贝，而狼通常只携带 2 个拷贝。此外，狼和狗之间存在较大差异的序列涉及 36 个区域，122 个基因。而这 36 个区域中有 19 个重要基因与大脑功能相关，其中 8 个基因控制着神经系统发育和潜在行为变化——这是狗能够被驯化的基础；此外还有 6 个区域的 10 个基因在淀粉消化、脂肪代谢中发挥着重要作用。更具体一点就是，狗携带了更多个拷贝的淀粉酶基因，拥有比狼多 28 倍的蛋白表达量。而且，狗的麦芽糖酶 - 葡糖淀粉酶基因发生了多个突变，导致这个酶的表达量比狼多 12 倍。此外，狗体内的钠 - 葡萄糖协同转运蛋白基因 SGLT1 还发生了突变，提高了肠道糖吸收蛋白的功能。这些基因突变的迹象可以表明，淀粉消化与狗的进化相关。

以上种种均佐证了"狗是被早期人类定居点的剩饭剩菜吸引过来的狼进化而来"的观点。通过淀粉消化，相关基因突变可以看出，肉食的狼接受了人类长达几个世纪的"食物分享"后，逐渐进化出了能够消化人类淀粉食物的基因，这是早期驯化过程的关键。现代狗的祖先就是从食用富含淀粉的食物的狼中出现的。

但这项研究与西亚起源说的结论也有不能契合之处。因为在农业社会，只有在农业发达，小麦和谷类等淀粉食物充足的情况下，人类才能给饥饿的狼分一杯羹。西亚农业起源于大约 1 万年前，而研究采用的家狗骨头存在于农业起源的几千年前，这还不加上长达几个世纪的漫长的驯化过程。狗骨头的研究想要证实，农业革命之前狗的驯化就已经发生了，但这与该研究提出的农业革命发生时人们才开始用富含淀粉的食物喂养狼的结论相

悖。但是也不能否认，狗消化淀粉的基因也极有可能是在其被驯化后才出现的。

一直以来，关于狗进化起源的假说一直争论不休，随着研究的不断深入，人们发现狗的进化在全球各地呈现出了不同的过程。美国的一位科学家对比了318只非洲乡村的小狗和上百只来自北美洲、欧洲的小狗，发现这些幼犬几乎都源于不同的祖先，基因也存在高度多样性，这与在东亚发现的狗呈现的基因多样性特征非常相似。因此，狗的起源和演化很可能是多地区同时进行的。

在不断的驯化过程中，狗的种类达到了400多种，每一种都有其独特的体格、毛色和生活习性。为了研究不同的犬种特性与基因的关系，人们利用基因组分析的手段，发现了能造成狗的特定性状的基因突变位点，从而确定数个世纪的选择性育种对于整个犬基因组的影响。通过对10个品种共275只家犬的基因组分析，研究人员发现了155个可能的与纯种犬特性密切相关的遗传位点，这些信息能够帮助人们找到控制特定品种性状的基因。例如，HAS2基因突变可能导致沙皮犬外皮光滑或是布满褶皱。

有研究表明，人体内淀粉消化的基因Amy2B拷贝数量的增加几乎与狗发生在同样的时期，因而可以推断狗和人这两个物种之间可能发生着很多类似的平行进化，比如新陈代谢、免疫力和大脑活动等方面。这或许

图 4.13　皮肤褶皱的沙皮犬

也是狗是人类最古老最亲密的朋友的一个有力佐证吧！

　　人们都说，好朋友总是在努力向你靠近，人和狗的友谊或许始于人类的爱心帮助，但一定会在狗狗对人类几万年的忠诚陪伴中延续下去。狗连基因也向着符合人类生活习惯的方向改变，它们虽然无法用言语表达对人类的爱，但是它们的基因时时刻刻在向人类证明：我爱你。

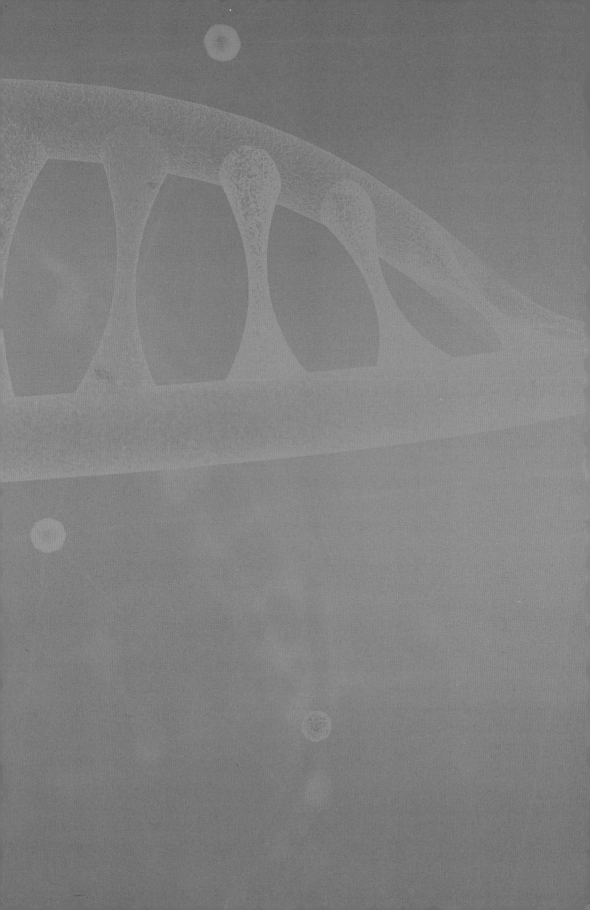

第五章
人类的基因智慧

"生命是什么？"这是困扰人类千万年的谜题。从精神层面的灵魂叩问到物质层面的科技探索，伴随着文化、宗教、艺术和科学的发展，人们始终坚持探究生命的起源，为了解开这个谜题，无数人殚精竭虑，呕心沥血。直至百年前，借助科学技术对人类文明的推动，科学家才得以穿过迷雾，发现答案。

作为地球上的智慧生命体，人类在探索自然奥秘的同时，也对自身充满了好奇。人类缘起于哪里？人类为什么能脱颖而出？人类的机体运转有何奇妙之处？科学家正在"生命天书"中不断解码。

第一节
在人类基因组中建奇功的远古病毒

众所周知，大名鼎鼎的 DNA 就是遗传物质，那你体内的 DNA 全部是属于人类的 DNA 吗？事实恐怕并非如此。2016 年一篇论文提到，人类基因组的 40% 可能都与远古病毒的入侵有关，你会不会觉得有些匪夷所思？2018 年，在顶级生命科学期刊《细胞》(Cell) 中，相关领域的研究者发表了两篇重磅论文，文章论述了一个前所未有的观点：人类的记忆或许和病毒有关，病毒有可能是加速我们人类进化的一种工具。这两篇论文一发出，便立刻在科学界引起了轰动，随后，一家大众科普网站上发出一篇解读文章《人类的意识可能来源于一种远古病毒》，文中猜测记忆可能本身就是一种病毒。现在你可能非常困惑：病毒真的这么重要吗？

众所周知，在自然环境中，病毒无处不在，海洋、土壤、空气里，连下雨时落下的每一滴雨水里都带着病毒。"病毒"两个字向来都令人闻风丧胆。比尔·盖茨 (Bill Gates) 曾说，他最担心的事情就是病毒暴发，导致出现全球性疫情，在历史上，它可是比战争和枪炮还要致命的东西。在过去的 3500 年里，仅天花这一种病毒杀死的人数就超过了在两次世界大战中丧生人数的总和。据统计，第一次世界大战时，有 2500 万人死于战争。然而战争结束后，1918 年的一次流感病毒暴发，就夺走了将近 1 亿人的生命。

这么看病毒真的很可怕，我们应该敬而远之。但是事物都有两面性，从另一个方面看，病毒的存在，对地球上陆地、海洋生态系统的运转，气候调节，物种演化都至关重要。

正常人的身体里，也存在着数不清的病毒，它们的数量比细菌还要多。然而，这些病毒在人体中起着调节人体内微生态的作用。它们会感染细菌，使得人体内的细菌不会泛滥成灾。人体也不会因为这些病毒、细菌而出问题，因为它们已经和身体的免疫系统达成了平衡。人类的进化，也曾得益于病毒。在几十亿年前，人类祖先还是海洋里的单细胞生物时，就已经和病毒打得不可开交了。在数不尽的岁月里，病毒与地球生物形成了奇妙的协同进化关系。在这个斗争过程中，病毒不断迫使着人类的细胞做出改变，帮助细胞适应不同的环境，也因此塑造了人体超强的适应力。甚至部分病毒的 DNA 还融进了人类祖先的基因组，成为对人类进化有益的基因。

科学家估计，人类有超过 8% 的基因组其实是逆转录病毒基因。在一项最新的调查研究中，科学家对超过 2500 个受试者进行基因测序，最终确认了 36 个来自病毒的基因片段。其中 17 个基因片段在先前的研究中已有报道，该研究又新发现了 19 个未被鉴定的病毒 DNA 片段，并且包括完整的原病毒。目前，该病毒尚未发生过明显的功能变异，因此仍保留着潜在的传染性。

跟随历史的车轮，人类一代代繁衍生息，这些来自病毒的 DNA 也在不断复制遗传，逐渐形成了我们今天所拥有的 DNA。最后致使现在所谓的人类基因组中，也留下了病毒的痕迹，可以说，如果没有病毒，人类就不会有今天的强大。病毒作为一种微生物，是无法在大自然中独立存活的。所以它的生存方式就是寄宿在动物的体细胞中，借助细胞内的一些物质活着，通过不断复制自己，感染更多的细胞。换句话说，病毒感染人体后，它的目的并不是要杀死人类，而是尽可能活下来，并且感染更多细胞来扩充自己的队伍。但对人体来说，病毒入侵会改变或破坏细胞的功能，如果病毒得不到控制，就会导致人体的机能受损，甚至导致死亡。当然了，人类也不会轻易地让病毒在体内狂奔。与病毒斗争了几十亿年，人类也早就进化出了一个能够抵抗大多数病毒的免疫系统。可能路边有人打一个喷嚏，

或者你刚拉过公交车把手又揉了下鼻子，你的体内就会随之展开一场病毒与免疫系统之间的战斗。大人一个亲吻就能把大量病毒带给宝宝，要是免疫系统不够强大，婴儿刚出生就会死于病毒。远古病毒能在人类机体中占据一席之地，是因为在漫长的进化演变中逐渐与人类的基因融合在一起。但是类似天花病毒、狂犬病毒，对人类则是纯粹有害的，因为这些病毒对人类来说很罕见。人体第一次感染时，免疫系统需要很长一段时间来识别病毒、制造抗体，所以常常还来不及杀死病毒，自己就彻底沦陷了。

远古病毒在人类基因组中发挥自己的余热，但是大多数现代人类接触到的一些病毒十分危险，如近些年暴发过的埃博拉、SARS、甲型流感、禽流感也都是人类历史上前所未遇的新病毒。所以当它们突然开始发起攻击，我们就被打得措手不及。而现有的医疗技术仍旧有限，因此我们除了依靠自身的免疫力，还需要采取其他措施，比如研发疫苗或者使用基因监测等手段来隔离传染源，阻断传播途径。

对于当下的我们来说，病毒来袭时，首要任务就是远离病毒，保护生命！病毒与基因的融合就交给时间和进化吧！

第二节
大脑扩容的秘密——人类的专属"聪明基因"

进入 21 世纪后，科技发展日新月异。无人驾驶、人工智能、AI 智能，人类智慧的结晶闪耀着光芒、改变着世界。说到近年来发展相当快的新科技，则必须要说说无人机。2015 年悄然起步，2016 年高速发展，如今，无人机已强势崛起，引领新一轮的科技热潮。

人们犹记举国惊艳的几次无人机表演，中央电视台春节联欢晚会上由无人机编队组成的 3D 立体海豚飞跃珠港澳大桥的壮观景象、哈尔滨工业大学百年校庆时千架无人机在夜空中表演的震撼场面，无不给人们带来一场场视觉盛宴。但无人机并不仅用于表演，更重要的是它可以应用到救援、巡检、测绘、运输等领域，为挽救生命、救助险情提供精确服务。这不由得让人感叹："为什么科技会服务于人类，而不能为其他灵长类动物所用呢？"

图 5.1　人类的进化

人类作为一个耀眼的生命物种，以智慧主宰着地球。在地球 40 亿年漫长的生命进化史中，生命从诞生之初极其简单的单细胞结构，不断推陈出新，繁衍出数以千万计的物种。斗转星移，人类诞生，走出了与其他生命完全不一样的生命进化之旅。从古猿到现代人、从下树生活到直立行走、从制造工具到使用火，短短数百万年的进化与发展，每一步都是巨大的进步，人类也从此稳居生物链的顶端。

在生物学分类上，林奈将人类归入了拥有 14 个科的灵长目，人类作为其中的一个小小分支，在枝繁叶茂的生命进化树中，甚至很难被找到。人类是如何在生命大军团中闪耀智慧的呢？又是如何从众多的灵长目表亲

中脱颖而出的呢?

　　能够制造和使用工具是人类与其他动物的根本区别,当然,操作和使用工具只是表面的"技能",其深刻的内涵则是人类拥有的丰富思维活动,唯有人类,能够通过智慧创造认识世界和改变世界的工具,而这些能力与人类的大脑发育密不可分。经过比对,科学家发现,在所有的动物中,人脑最为发达,即便是已经很有智慧的人类表亲——黑猩猩,其大脑也远逊于人类的大脑,这让人类在进化的过程中逐渐脱颖而出。

　　既然是这个星球最具智慧的物种,人类对于探索自己永远有着与探索世界同样的兴趣,生物学的出现也许就是为此,当时间流转到 21 世纪,这样的探索和研究已经深入生命的微观层面——基因层面。我们知道,基因储存着生命的种族、血型、孕育、生长、凋亡等过程的全部信息,可以说,生物体的生老病死、行为、性格和情绪等一切生命现象都与基因相关。科学家通过研究发现,人类和另一种灵长类动物黑猩猩的基因具有 99% 的相似程度,但人类的脑容量是黑猩猩的 3 倍,就是那 1% 的差别,导致两种生物的差别如此显著,这 1% 到底蕴藏着什么神秘的力量?

　　基因到底是如何让人类与大猩猩拉开差距的呢?基因测序技术也在这里帮了大忙。通过对众多微生物、植物、动物的不同物种测序发现,在海量的基因测序信息中,科学家找到了一个专属于人类的基因 ARHGAP11B,这个基因只在人类基因组发现,这似乎在提示科学家,这个独特的基因与那 1% 的神秘力量有关系。

　　1% 的神秘力量在生物进化中可能发生了基因组变异,刺激了人类大脑的发育,增加了人类的脑容量。新皮质在进化过程中出现得最晚,却成为大脑中最复杂且面积最大的一种皮质,决定着人类的许多高等功能,如知觉、指令产生、空间推理、意识及语言。由此可以猜测,新皮质的复杂优越程度,带给我们与其他动物大脑的不同之处。

　　当然,人类的探索不会止步于猜测,德国马克斯·普朗克分子细胞生物学与遗传学研究所负责人维兰德·赫特纳(Wieland B. Huttner)及其团队通过转基因的实验，让 *ARHGAP11B* 基因在其他非人灵长类绒猴胚胎中进行表达，采用绿色荧光蛋白技术来检测人类特有的基因 *ARHGAP11B* 在绒猴胚胎中的表达，最后发现在自身启动子的控制下，*ARHGAP11B* 在绒猴的新皮层表达，从而增加了绒外侧室下区的基地放射状胶质组细胞数量、上层神经元的数量，扩大了新皮质并诱导其折叠，出现了和人类大脑皮质相似的表达，该实验结果证明了 *ARHGAP11B* 基因能够促进新皮质的形成，增加绒猴胚胎大脑的容量，增加大脑皮质上的褶皱，并使之呈现脑回样结构，它还能使大脑皮质中的神经元明显增多。

2020 年 6 月 18 日，这项研究结果发表在《科学》杂志，向人们宣告：就是这个人类独有的"聪明基因"让人类比其他动物都聪明。之后科学家进一步通过一系列研究人类独有的聪明基因，为我们揭示了在漫长的进化过程中 *ARHGAP11B* 基因对我们大脑的影响机制。

当然，人类能够走到今天，*ARHGAP11B* 基因只是其中的一个关键因素。人类众多的"智慧"基因的优化组合也发挥了不同的作用，它们各取所长，才造就了今天强大的我们。

第三节
能不能喝酒，基因说了算

酒，这种已经延续上千年的饮品，自产生起就与人们的喜怒哀乐息息相关，无论是李白《将进酒》中"人生得意须尽欢，莫使金樽空对月"的潇洒恣意，还是曹操《短歌行》里"何以解忧，唯有杜康"的悲凉慷慨，都是酒在历史中的见证。从古到今，在中国人眼里，无酒不成席，重大节

日要喝酒（明月几时有，把酒问青天），祭祀祭祖要喝酒（人生有酒须当醉，一滴何曾到九泉），交友送友还得喝酒（劝君更饮一杯酒，西出阳关无故人），可以说，酒伴随着中华文明史流淌至今，渗透在风俗习惯、诗词歌赋、饮食烹饪和养生保健等各个方面。

"对酒当歌，人生几何"，同样是喝酒，为什么有的人千杯不倒、面不改色，而有的人则沾酒变色、头晕目眩，甚至会神志不清、恶心呕吐？又为什么有的人喝酒能控制住量，而有的人则会嗜酒呢？一样的酒遇上不一样的人，这差别怎么就这么大呢？

我们知道酒的主要成分是酒精（乙醇），一个人对酒的承受能力主要是看他的身体能不能快速地把乙醇代谢完全。饮酒能力是一种可遗传性状，不同程度的乙醇耐受性跟人的乙醇代谢能力有关，而决定乙醇代谢能力的基因被称为"酒精基因"。科学研究发现，酒精在人体内的分解代谢主要靠肝脏酶系统中的两种酶：乙醇脱氢酶和乙醛脱氢酶。代谢过程主要分为两步：第一步，乙醇经人体胃肠道吸收后，在乙醇脱氢酶的作用下转化为乙醛；第二步，乙醛在乙醛脱氢酶的作用下转化为乙酸，最后再分解为水和二氧化碳。乙醇脱氢酶和乙醛脱氢酶的编码基因决定了人类喝酒能力的差异。

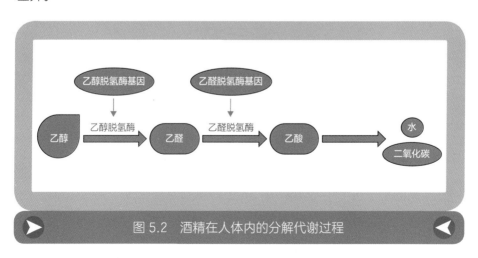

图 5.2　酒精在人体内的分解代谢过程

喝酒脸红不易醉？你可能是基因缺陷！

坊间曾有传闻"喝酒脸红不易醉，喝酒脸白酒量高"，这种说法到底对不对？脸色的红白真的是个人酒精代谢调控基因的神奇表现吗？

其实，喝酒脸红反而是不能喝酒的表现。因为在酒精代谢的过程中，体内的乙醇脱氢酶会首先将乙醇分解为乙醛，而乙醛具有让毛细血管扩张的功能。面部皮肤是身体皮肤最薄的部位，毛细血管又丰富，酒后脸部的毛细血管扩张会更加明显。喝酒脸红，表明这个人体内的乙醇脱氢酶活力四射，可以迅速将乙醇转化成乙醛。可惜乙醛脱氢酶作用不够明显，其编码基因发生了突变，酶的催化降解效率下降，乙醛只能在体内大量积攒，所以人就会越喝脸越红。脸红只是表象，要命的是在世界卫生组织国际癌症研究机构公布的致癌物清单中，与酒精饮料摄入有关的乙醛属于一类致癌物。喝酒的人面红耳赤、头晕目眩实际上是一种身体中毒的表现，惊不惊讶？害不害怕？

还好，我们的身体有着相当机敏的保护机制，当身体感受到这些威胁，就会紧急出动另一支部队"细胞色素P450同工酶"来保驾护航。这类保镖酶其实有一个大家族，专职在肝脏等部位催化多种内、外源物质（包括大多数临床药物）的代谢。乙醛在这类酶的作用下转化成乙酸，还提高了水溶性，最后通过肝脏被排出体外。因为保镖们的工作需要时间，所以酒后往往要过1~2小时，红色才会慢慢褪去，但乙醛对机体的伤害和乙醛代谢给肝脏带来的负担已经形成了，所以喝酒脸红不仅伤肝，还提示了重大信息：身体的酒精代谢调控剂余量不足！

喝酒脸白酒量高？小心喝出胃出血！

"喝酒脸白的酒量高，千杯不倒"，这句话其实也有问题。事实上，喝酒后脸色发白可能是体内高活性乙醇脱氢酶不足的表现。由于机体无法将乙醇迅速分解为乙醛，体内乙醛含量并不会太高，所以人不会面红

耳赤、头晕目眩，但是喝进去的乙醇还积攒在那里，只增不减，最后还是需要依赖肝脏里的"预备役"酶来代谢这些乙醇。胃里乙醇浓度过高只好通过体液来稀释，所以人高马大的壮士们显得特别能喝。但无论如何，酒精摄入过多，反复刺激胃黏膜，导致胃部内壁变得特别脆弱，容易引发胃出血。所以喝酒脸白的人酒量不一定高，但喝多了伤害值一定高！

真正可以好好代谢酒精的到底是哪种人？

事实上，最能喝酒的人既不是喝酒脸红的人，也不是喝酒脸白的人，而是喝酒面不改色却满头大汗的人。由于这类人体内同时具有高活性的乙醇脱氢酶和乙醛脱氢酶，能够迅速将乙醇分解为乙醛，然后再迅速分解为乙酸，乙酸随后在体内被转化成能量、水和二氧化碳。所以这类人通常是喝酒吃串、大汗淋漓，却又面不改色。要想和他们对饮一番，怕得请教《天龙八部》里的段誉，用六脉神剑将酒从体内逼出才有胜算。这类人由于常常豪饮，吸收了过多乙醇代谢转化的热量，啤酒肚就悄悄隆起了！

喝酒容易成瘾？可能这是基因在作祟

现实生活中，过量饮酒一直不被提倡，我们经常劝身边的亲人"少喝点儿"，甚至在酒的广告词里都会加上"不要贪杯"之类的话。但实际上，诸多劝诫常常收效甚微。据统计，全球每年约有 250 万人的死因与酗酒有关，酗酒正成为比暴力、艾滋病和肺结核等因素更可怕的人类杀手。为什么酒瘾难戒？人们在酒精的诱惑面前为什么这么容易屈服，真的是道德感和意志力太过薄弱吗？这还真的错怪他们了，科学研究发现，喝酒成瘾依然和基因有关。

2012 年，法国科学家在国际著名期刊《美国科学院院报》（*Proceedings of the National Academy of Science of the United States of America*，PNAS）发表了一项重要研究成果，携带有一个名为

RASGRF-2 基因的研究对象饮酒频率更高，*RASGRF-2* 通过影响中脑边缘多巴胺神经元活性和多巴胺释放来加剧对酒精的依赖。可见，基因不仅能决定人们的喝酒能力，还能影响喝酒的嗜好。但爱喝酒和能喝酒可是两回事，能喝酒的不一定酷爱喝酒，酷爱喝酒的也不一定很能喝酒。那些天天嚷着要喝酒，但又逢喝必倒的人，可能就是受到了基因的影响。不得了，喝酒竟然是很自然的行为了吗？

但人们对这种基因真的无能为力吗？有些人难道生下来就注定会迷恋上杯中的佳酿？

不，不，不，有些人是后天喝酒才变得嗜酒。*Per2* 和下丘脑 *POMC*（阿黑皮素原）原本是行使正常人体功能的好基因，基因 *Per2* 参与边缘系统昼夜节律，下丘脑 *POMC* 是一种应激反应蛋白基因。但遇到一位喝酒频率比较高的人，它们就慢慢开始罢工了。美国罗格斯大学的研究人员设置了适度饮酒者、嗜酒者和酗酒者 3 组，对他们展开对照实验。通过血样分析发现，嗜酒者和酗酒者血样里的 *Per2* 和 *POMC* 基因都出现了甲基化倾向。

基因的甲基化其实是一种表观遗传现象，由于后天经常性地喝酒，迫使机体给这些基因的序列上加上了一个帽子，使得这些基因无法正常表达功能蛋白，从而影响了基因的正常功能。这就好比一段软水管，原来水流正常，由于外界的影响，突然在水管的源头处夹上了一个燕尾夹，水出不来了，水管的功能也就丧失了。*Per2* 和下丘脑 *POMC* 两个基因甲基化后也是如此，这使得人体对酒精的依赖越发无法自拔。

所以，在我们出生的时候，酒量就已经写在了我们的基因当中。当然，生活中总有人劝酒："多练练，多喝喝，酒量就大了。"但这有可能只是机体对酒精和乙醛的耐受力提高带来的一种错觉，并不是酒精代谢关键酶的表达真的增强了。而且，越来越多的科学报道发现，乙醇对人体的危害，除了损害肝胃等器官，还会引发其他的疾病，所以大家还是要避免饮酒。

第四节
基因信息列车传载你的模样

谭语里形容生命稳定遗传的句子很多，例如"种瓜得瓜，种豆得豆"。谭语真实地反映出基因作为遗传信息的载体精准地通过外在表型显示了遗传的稳定性。每个生命个体都继承了父母的一部分基因，而基因型很大程度上决定生命的表型，因此毋庸置疑，你的模样肯定与父母相像。

那么问题来了：你长得会更像谁？答案在你出生前就写好了，当你还是受精卵的时候，就已经确定未来会长得像谁了，这取决于父母的基因中更强大的那些。人类的核基因组，一半来自父亲，一半来自母亲。因此，我们绝大多数的基因都是双拷贝，这种双拷贝被称为"等位基因"。等位基因有显性和隐性之说，显性基因是一对等位基因中决定生物表型的那一个。例如，人的双眼皮／单眼皮由一对等位基因控制，如果一个人既携带单眼皮基因也携带双眼皮基因，那这个人就会表现出双眼皮。生物学上定义控制双眼皮的基因为显性基因（通常用大写字母表示，如 A），控制单眼皮的基因则为隐性基因（通常用同一字母的小写表示，如 a）。因此在一个大的群体里面会出现三种基因型：AA、Aa 和 aa，其中 AA、Aa 基因型的人表现为双眼皮，aa 基因型的则为单眼皮。毫无疑问，如果你是双眼皮，而你父母中只有一个人是双眼皮，那么你的双眼皮基因肯定来自双眼皮的亲本，遗传关系如下图所示：

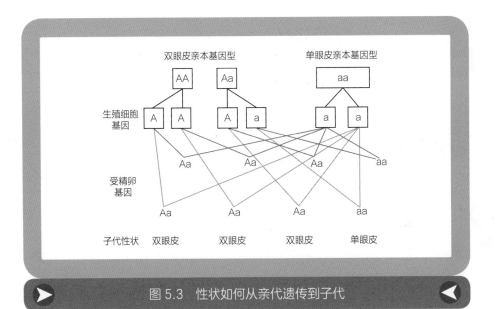

图 5.3　性状如何从亲代遗传到子代

由图可见，世界上双眼皮的人会更多一些，而单眼皮则是相对稀少的那一部分。

除了单双眼皮，人体还有很多种面部特征受等位基因的调控。常见的由显性基因控制并影响的体貌特征就有以下多种，比如大长腿、高鼻梁、小酒窝、长睫毛、大眼睛、丰满的下巴等。

遗憾的是，能显性遗传的并不只有上述美好的基因，一些常见的遗传病也能显性遗传，如地中海贫血、软骨发育不全、先天性白内障、鱼鳞病、先天性缺指、并指症等。截至 2013 年，已探明的显性遗传疾病多达 1200种。显性遗传中，如果父母一方为患该疾病的纯合体（即 AA），那么他们的孩子一定会患上此病。如果父母一方为患该疾病的杂合体（Aa），其后代患上该病的概率为 50%。可见显性遗传病对人类的健康影响巨大。此外，也有一些受隐性基因控制的遗传病，如苯丙酮尿症、白化病、半乳糖血症、先天性聋哑等，至 2013 年，已知的隐性遗传疾病已达 900 多种。虽然隐性遗传病的发病率较显性遗传病低，但同样危害人类的健康。"有中生无为显性，无中生有为隐性"，这句话清晰概括了基因的遗传规律。

神奇的是，有些遗传病竟然分"传男"和"传女"，而导致这种差异的秘密则藏在性染色体上。由性染色体上的基因控制的这些疾病我们称为伴性遗传。根据遗传方式不同又可以分为以下三种。其一为伴 X 显性遗传，如钟摆型眼球震颤和抗维生素 D 佝偻病等。因为女性有两条 X 性染色体，因此伴 X 显性遗传女性发病率高于男性。并且，如果父亲患有此病，则女儿一定会患此病。其二为 X 染色体隐性遗传，如红绿色盲和血友病。因为男性只有一条 X 染色体，一个致病基因通常也会发病，因此患病概率高于女性。通常舅舅和外甥会患同一种疾病，外甥像舅舅，这份相像是否有些伤感？其三为 Y 染色体遗传，如鸭蹼病和外耳道多毛等，这些病只会在男性中发病，百分百传男不传女。

人们向往美好的事物，珍惜基因赋予我们的健康和美丽；人们抗拒可怕的疾病，恐惧基因强加给我们的病痛和隐患，从来没有十全十美的幸福和美好，或许这就是基因的取舍之道。多数的遗传病是由基因突变造成的，而这样的遗传病基本都无法根治，很多也成为医学界的世纪难题！在科学家的努力下，目前的基因编辑疗法已经给遗传病治疗带来了一丝曙光，虽然这曙光要穿透疾病的黑暗，注定会有一段艰难而曲折的历程，然而美好的希望和愿景，终归会支持和鼓舞人们砥砺前行！

第五节
"多肉君"的烦恼——"肥胖"基因

在我们身边，总会有一些胖乎乎的朋友，他们温暖、善良、亲切、可爱，但他们也有烦恼，总是要为身上的肉皱眉头。

场景一：作为一个爱生活并且爱美的"多肉君"，他兴致勃勃地去商场购置新衣服，面对琳琅满目的货架，他却发现没有自己能穿的号码尺寸，尴尬的营业员看着尴尬的他低声说："要不您去别家看看。"网上买吧，他每次都纠结地一遍遍与卖家确认是不是有自己的尺码。

场景二：在清冷的月光下，众人对酒当歌时，"多肉君"总是那个体味寂寞高冷的人，不是他性情孤僻，而是他的心里藏着几分不自信。体重总是绕不过的问题。

为什么我吃得不多还长肉？

为什么我喝口水都长肉？

为什么我拼命锻炼还长肉？

没错，这就是如今大多数"多肉君"的烦恼，他们不禁会问，有没有肥胖基因，不是有什么基因编辑技术吗？把我的肥胖基因敲掉好不好？我要瘦下来！

图 5.4　容易发胖的人

在生物技术高速发展的当下，基因决定论颇得人心。在某些媒体的大肆宣扬下，小到贪玩、嗜酒、睡眠质量差，大到肥胖、癌症，最终都会被归因到基因。总之都是基因惹的祸。

犯懒不是犯懒，是懒惰基因在捣鬼；一年四季都犯困，是嗜睡基因在操练；贪吃也是贪食基因造成的……

的确，以上我们所说的与基因确有一定的联系，但人体内的基因功能通常是随着外界环境和体内微生物比例的不断改变而改变的，国际三大顶级期刊之一的《自然》杂志，就揭示过肠道中存在的两种神奇的细菌，一种可以促使我们发胖，另一种可以促使我们减肥。

"致瘦"细菌——梭菌，这种肠道微生物组中的有益细菌，可以防止小鼠发胖，而且同样能控制人的体重。科研人员发现健康小鼠肠道内存在大量的梭菌，但是，当小鼠年龄增长或是免疫系统受到一定的破坏时，梭菌就会数量减少，接近消失。这时，就算是喂食健康饲料，小鼠仍然会变得肥胖。不过，当梭菌回到小鼠体内后，小鼠就能保持正常的体重。这证明，梭菌在控制哺乳动物的体重中发挥着关键的作用。这也就找到了人到中年容易发胖的一部分原因。

而目前发现的另一个"致胖"细菌——弧菌却恰恰相反，它能促进肠道脂肪的吸收，这可不就让人欲节食而无力，欲减肥而无用吗！

这两种细菌的发现就可以解释为什么很多人吃多少都不胖，但是有的人纵是喝水也会变胖了。

实验证明，这两种肠道细菌均参与了编码脂质吸收受体蛋白（膜糖蛋白）的 CD36 基因的表达，一个发挥了抑制作用，一个发挥了促进作用。经过处理，实验人员获得了一种与众不同的小鼠，该小鼠肠道中的唯一活菌只有梭菌，通过研究发现，小鼠体重降低，脂肪更少，调节脂肪酸胆固醇等脂类物质摄取的 CD36 基因表达处在较低水平。所以，与正常试验鼠相比，肠道缺乏 CD36 基因的实验鼠吸收脂类的整体效率降低，进而影响进食。这说明，梭菌产生的分泌物在阻止肠道吸收脂肪中起着关键作用。人体的脂质吸收和实验鼠的吸收机制十分相似，所以这一发现将有助于帮助"多肉君"们寻找到减肥的新方法，也许可以不用节食，只要有梭菌在，就不会胖。

CD36 是 B 类清道夫受体的一种亚型。人体肠道主要分为小肠、大肠和直肠，而小肠是消化吸收的主要场所，分为十二指肠、空肠和回肠三部分。实验中发现，肠道上部（小肠）会制造大量 CD36，来帮助吸收脂肪酸等。当肠道上部 CD36 基因表达缺失时，肠道会启动备份机制，把脂类推给下部肠道（大肠）去吸收。甘油、脂肪酸、甘油单酯、胆固醇等脂类看似只在吸收过程中多走了一段路，但实际上区别很大。

首先，脂类需要行进至更远处，因此被人体吸收的速度变慢。

其次，下部肠道虽然也有吸收脂类的功能，但吸收方式有所不同。上部肠道一般会把脂类打包成一种乳糜微粒，高效地运输到身体其他部位，CD36 就在其中发挥关键作用。下部肠道则把脂类分解为更小的粒子，这些粒子对于人体其他组织来说不如乳糜微粒容易吸收。

原来，基因真的能让人发胖，太让人灰心了。没关系，基因可能导致肥胖，但基因不能让你与美丽绝缘。美丽在于一个人的容颜和身形，但美丽更在于一个人的品格和修养，外在的美华丽但短暂，内心散发的美却会温暖而长久。因此，只要健康饮食、适当运动、规律休息，保持肠道菌群平衡，健康阳光的你就是最美的！

第六节
生命之阀——凝血酶基因

生活中，人们难免磕磕碰碰，皮破流血时有发生。一般情况下，就算有些伤口不进行处理，血液也会渐渐凝固，自行停止流血，这就是人体的一种自我保护机制——凝血功能。

假如把血液想象成一条流淌在人体内的大河，河的源头——心脏——犹如一台"发动机"，通过有节奏的收缩和舒张推动人体内的血液不断循环流动，运输机体所需的各类营养物质以及代谢产物，循环不息，从而维持人体正常的生命活动。正常情况下，血液在血管中昼夜奔流，既不会无故溢出血管而出血，也不会在血管内发生凝固导致血栓形成。但事无绝对，一旦血管受到损伤，血液就会失去束缚，溢出血管，导致出血。而机体则会

努力修补血管，保持其完整性并让血液不再脱离血管束缚，这一过程就叫凝血。

具体来说，凝血（血液凝固）就是血液由流动的液体状态转变为不流动的胶冻状凝胶的过程，这是由凝血因子参与的一系列蛋白质有限水解的过程。

如果你的血管正常，凝血因子会一直处于无活性的状态，但只要血管收到损伤释放出的"求救"信号，凝血因子就会"挺身而出"。凝血因子的拯救计划一般有三个阶段：首先是形成凝血酶原激活物，在其作用下，血浆中无活性的凝血酶原被激活为有活性的凝血酶。之后，凝血酶将纤维蛋白原转变为纤维蛋白单体，进而形成不溶于水的纤维蛋白多聚体，将血细胞包罗在内，最终形成血凝块。参与血液凝固过程的凝血因子就像"多米诺骨牌"一样，从凝血因子 I 开始层层递进，经过一系列级联和放大效应最终同血小板粘连在一起，齐心协力补塞血管上的漏口，从而达到止血的目的。

在凝血机制中，凝血酶原毫无疑问起着核心的作用。但让凝血酶原在血液凝固过程中"大显其能"的是一位"幕后英雄"——凝血酶原基因。

人凝血酶原基因位于 11 号染色体上，长约 21kb，包含了 14 个外显子和 13 个内含子。它的编码产物——分子量 72kD 的凝血酶原——是一种在肝细胞中合成的维生素 K 依赖性蛋白质。如果凝血酶原基因发生了突变，那么身体将更容易形成血栓。虽然血栓可以堵塞破裂的血管，进而有效阻止出血，同时在血管病变时避免大出血，但其存在同样阻塞了血管的正常流动，情况严重的话，还会引起人体出现全身性的广泛出血和休克，危及生命。

早在 1996 年，科研团队就在研究中提到了静脉血栓形成的一个重要危险因子：凝血酶原基因 20210G → A 突变。这一研究团队发现了当凝血酶原基因 20210 出现 G → A 突变时，静脉血栓形成的危险性会升高 3 倍比值比（比值比：又名机会比、优势比，是指两个比值的比，可以暴露因素与疾病的关系）。同时，携带凝血酶原基因 $20210G \rightarrow A$ 突变的个体，血浆凝血酶原水平会显著升高，这种异常可以作为判断肝脏细胞癌的一个指标，假如患有肝细胞癌，凝血酶原前体的生成被影响，就会产生大量的异常凝血酶原。由此可见，凝血实在是个复杂而又精密的过程，一个小小的凝血酶原基因突变就有可能导致人体血液畅通出现大问题啊！

介绍完凝血过程中的凝血酶原基因后，还有个重要角色也要向大家介绍，这就是大名鼎鼎的凝血因子 IX 基因。或许你对这种基因了解不多，但提起曾大肆传播于欧洲王室的"皇家病"，你一定有所了解。

维多利亚女王在位期间，是英国最强盛、最繁荣的"日不落帝国"时代。欧洲王室间历来有通婚的习俗，英国又是当时世界上最强大的国家，维多利亚女王的子女自然成了欧洲王室贵族竞相追逐的对象。联姻使女王的后代遍布普鲁士、西班牙、俄罗斯等欧洲王室，但与此同时，维多利亚女王身上的血友病基因也在欧洲皇室中蔓延传播开来，该病也由此被称为"皇家病"。2009 年，科学家对阿列克谢——与"欧洲祖母"有血缘关系的俄国皇室成员的遗骸进行了 DNA 分析，确定了"皇家病"其实是罕见的 B 型血友病，患者会因体内的凝血因子 IX 编码基因突变导致凝血因子 IX 缺失或缺陷，血管上的缺口没有办法补塞，人体不同部位过度出血，最终危及生命。

这个关键的凝血因子 IX 基因定位于人类的 X 染色体，总长度为 34kb 左右，由 8 个外显子、7 个内含子组成。它的制胜法宝就是所编码的产物——凝血因子 IX，一种血浆凝血激酶，能在血液凝固的一系列过程中起到蛋白酶原的作用，凝聚力超强。

当然了，还有许多基因为人体血液凝固这一精妙的过程贡献了自己的"力量"。而科学家也在为凝血机制失效的病人能恢复正常生活尽心竭力。

除了常见了的替代治疗、外科手术或提前预防，一种新型的疗法也在发挥着作用，这就是"对基因下药"的基因疗法。只要能找到导致凝血功

能失常的"幕后真凶"突变基因，研究者就可以将外源正常基因导入靶细胞以纠正缺陷和异常基因，最后达到凝血机制恢复正常功能的目的。

尽管到 2022 年为止，世界上还没有一种方法保证可以 100% 地根治出现问题的凝血机制，但是随着科技的不断进步，以及各国科学家对其不断深入的研究了解，相信在不久的将来，我们能够更好地利用凝血过程中有关基因的智慧，研究出治疗这类疾病更可行的方法，保护我们体内的生命河流生生不息、源远流长！

第七节
特异性免疫——免疫系统中的
"导弹部队"

人类和所有的生物一样，拥有强大的身体免疫系统。免疫系统是保护我们的一支强有力的军队，保护着我们的身体免受各种异己物质的侵害。

免疫系统大军大体可以分为先天免疫和后天免疫两部分：先天免疫又叫作非特异性免疫，是免疫系统中强大的海陆空三军，由多个免疫器官、多种免疫细胞和大量免疫因子组成，功能强大；后天免疫又叫特异性免疫或者获得性免疫，是免疫系统中的导弹部队，可以精准制导，战力强大。

想看看特异性免疫是如何做到"精准制导"的？我们可以从基因的角度来一探究竟。

以流感病毒这个我们经常对抗的敌军为例。它入侵人体后开始在细胞中繁殖扩增，同时惊动了三军中的巡逻部队——白细胞，各种白细胞开始和大量繁殖的流感病毒对抗，形成长期的拉锯战；同时吞噬细胞会俘虏流感病毒，获取它们的抗原决定簇信息，并把这些信息传给 TH 淋巴细胞和 B 淋巴细胞，激活特异性免疫。这时，导弹部队已经获得了入侵者的特征信息，经过一系列复杂的过程筛选到了可以产生对抗此次流感病毒的抗体 B 细胞，将其大量复制形成浆细胞，并大量表达特异性抗体。这些抗体如同有制导系统的导弹，迅速投入白细胞和流感病毒的拉锯战中，精准地打击病毒而不伤害自身的细胞，高效、快速地调整战局，人体免疫系统迅速占据了绝对的优势，随着病毒的清除，人体流感的症状也就消失了。

导弹部队训练出能产生特异性抗体的浆细胞的过程是基因重排和基因差异性表达的结果。首先，B 淋巴细胞在分化成可以产生抗体的成熟浆细胞之前称为前 B 细胞，在 3 个染色体上各有一段与抗体表达相关的基因群：*IGH*、*IGK* 和 *IGL*，每个基因群都有几个到数十个不同的基因片段。在前 B 细胞分化过程中，这些基因片段会发生重排，组合方式可以达到上百万种；加之后续在 RNA 水平和蛋白质水平上的修饰加工所造成的表达差异使其形成的可变区种类再增加上百万种，就使得分化后的 B 细胞最终表达抗体种类增加了近乎无限种可能。当然，这些随机产生的大量 B 细胞不会直接变成可以长期稳定存在的浆细胞或者成熟 B 细胞。正常情况下，有些 B 细胞表达的抗体没有检测到可以发生免疫反应的抗原，或者产生的抗体会和机体自身体内蛋白有免疫反应，就会被淘汰掉；而有些 B 细胞产生的抗体可以和进入体内的异己免疫原产生反应，并参与到正常免疫反应过程中，那么这些 B 细胞则会被保留下来，或成为浆细胞长期产生特异性抗体，或成为成熟 B 细胞等待相应抗原再次刺激大量增殖。

流感病毒在和免疫系统大战的过程中，被挑选出来具有参战资格的成熟 B 细胞开始大量增殖：一部分转化成浆细胞，大量表达抗体，精准打击流感病毒；另一部分转化为记忆 B 细胞，长期存在于免疫器官中，作为后备力量，时刻准备迎战。这些记忆 B 细胞即使是在免疫大战平息后也会继续保持活性，当我们的身体再被相同的病毒入侵时，这些记忆 B 细胞会迅

速活化、扩增，并表达抗体，在病毒大量繁殖之前就将其消灭，避免病毒对身体再次造成伤害，极大地降低了身体的免疫负担。我们平时接种疫苗就是基于这个原理：科学家通过研究制备出某个致病微生物的抗原，也就是这个微生物的模型，让免疫系统的导弹部队有针对性地训练。它可以引起人的免疫反应，但是不会让人生病，人体免疫系统发现这个抗原后进行清除，同时会形成抗体和记忆 B 细胞，当这个致病微生物真正出现时，导弹部队就可以迅速出击将它消灭，避免发病。

特异性免疫系统的导弹部队和非特异性免疫系统的三支军队强强组合，是我们生存在如此复杂的自然环境中的有力保障，健康的生活方式可以很好地提高免疫大军的战斗力，为我们的身体保驾护航。

▶ 小窗口

虽然我们的免疫系统可以对流感病毒产生抗体，但是由于流感病毒具有很高的变异性，它的抗原决定簇经常会发生改变，逃避免疫系统导弹部队已有的制导系统，所以我们才会经常受到流感病毒的侵扰，即使接种过疫苗也无法保证绝对不被流感病毒感染。详细的解释可以在流感病毒一节中找到。

记忆 B 细胞在我们身体里存在的时间有长有短，有的可以终生存在，而有的则只有几年甚至几个月。比如接种卡介苗后形成的免疫力一般可以持续终生，而水痘疫苗、乙肝疫苗等的保护效力都不是终生存在，是需要在若干年后加强免疫的。

第八节
人类健康守护者——"基因警察"

　　对阿奇（化名）而言，"癌症"这个词就像他人生中挥之不去的阴霾。一切自他的哥哥 7 岁时因为脑瘤去世开始，不久姐姐也被诊断出乳腺癌，虽然他的姐姐幸运地被治愈了，但几年后，平静的生活又因阿奇的妈妈突然被查出乳腺癌而打破。祸不单行，阿奇的女儿随后也确诊为骨肉瘤患者。这难道是一个恶毒的家族诅咒吗？阿奇开始寻求答案。

　　了解了阿奇家中发生的所有事情后，医生关注到一种病症——李－法美尼综合征（Li-Fraumeni Syndrome，LFS）。这个名字源于它的两位发现者约瑟夫·法美尼（Joseph F. Fraumeni）和弗雷德里克·李（Dr. Frederick P. Li）的姓氏。李－法美尼综合征是一种罕见的常染色体显性遗传疾病，*TP53* 基因的突变导致家族性广谱肿瘤的发生，比较典型的肿瘤类型有骨肉瘤、脑瘤、恶性肉瘤、绝经前乳腺癌以及肾上腺皮质瘤。李－法美尼综合征患者一生中发生肿瘤的风险高且存在性别差异，女性几乎为100%，男性为80%；肿瘤的发生时间比较早，50% 的李－法美尼综合征相关肿瘤会在患者的 30 岁之前发生；多发性原发性肿瘤比较常见，患者可能罹患几种不同的肿瘤。除此之外，李－法美尼综合征还有遗传早现的特征，也就是说一个家系中，几代人会陆续呈现发病年龄逐代提前，症状逐代加重的现象，非常可怕。

　　那怎么确定阿奇的家人是李－法美尼综合征患者呢？很简单，一个基因检测就能揭晓谜底。在医生的建议下，阿奇一家抽血做了基因检测，证

实了他们的 *TP53* 基因均存在突变——他们确实是李–法美尼综合征患者。

能导致如此严重后果的 *TP53* 基因突变究竟是怎样形成的？

TP53 基因（也称 *p53* 基因）是我们体内最重要的一种抑癌基因，有 50% 的肿瘤与 *TP53* 基因发生突变有关。*TP53* 基因根据 DNA 的变异程度执行两大功能：如果变异较小，*TP53* 就会修复细胞发生的基因突变；如果变异较大无法修复的话，*TP53* 就会诱导细胞凋亡。*TP53* 就像警察一样兢兢业业地守护着所有的细胞，在它们不会造成大威胁时就尽力"拉一把"，修复 DNA 损伤，发现情况恶化时就果断"出手"，启动细胞的凋亡过程，让这些细胞"自杀"，使这些细胞在变成肿瘤之前就先死掉，从而发挥抑癌作用。

但如果 *TP53* 发生了基因突变，其蛋白空间构象就会发生改变，从而失去对细胞生长、凋亡和 DNA 修复的正常调控作用。细胞挣脱了束缚后开始无限制地分裂，最终导致肿瘤发生。不仅如此，突变型 *TP53* 基因还会化身"猪队友"，连累其他正常的 *TP53* 基因，使它们也逐渐丧失功能，同时突变型 *TP53* 还"助纣为虐"，抵抗针对癌症的化疗，保护癌细胞免受外界刺激。所以，防止正常的 *TP53* 基因变异对于我们的身体健康而言实在是太重要了！

说到 *TP53* 基因，还有一个有趣的科研知识分享给大家：科学家发现大象这一陆地最大的动物，有着与人类相似的寿命，却几乎不会得癌症。根据"帕托悖论"（简单地说，就是如果假定每个细胞癌变的概率都一样，那么体型越大活得越久的动物得癌症的概率就越大）来看，身形大且寿命长的大象应该同人类一样很容易罹患癌症，事实却正好相反。这是为什么呢？没错，就是因为有 *TP53* 基因在发挥作用。

研究者对大象的基因组分析后发现，它们体内 *TP53* 基因的拷贝数足足有 20 份！而相比之下，人类基因组内 *TP53* 基因却有且仅有 1 份，"只此一家，别无分店"，如果基因不幸发生突变，人类体内的这个保险系统就会失效。大象有着足足 20 份的保障，要想患上癌症还真的不容易呢，这也就解释了为什么自然界基本没有患癌的大象。而一些大象的近亲比如美洲乳齿象、长毛象以及哥伦比亚猛犸就没有这么幸运了，它们惨遭灭绝，无一例外，因为它们都没有那么多 *TP53* 基因拷贝。*TP53* 基因的"基因警察"名号实至名归啊！

既然 *TP53* 基因如此重要，科学家能否针对它去开发靶向药物，从而治疗癌症呢？

说实话，这很难。因为 *TP53* 的主要功能就是在细胞复制的过程中检查 DNA 是不是完美复制了。如果出现错误，*TP53* 会让细胞分裂停止在细胞周期的 G1 关卡，只有修复成功的细胞才能继续分裂，修复不成功的细胞就会自行凋亡。所以正常的 *TP53* 就是细胞分裂过程中的"刹车"，但肿瘤细胞的惯用"伎俩"就是把"刹车"弄坏，于是 DNA 复制出错的细胞就可轻松通过细胞周期 G1 关卡，此时细胞周期 G2 关卡的修复就成为重要的决定因素。因为通过靶向药物直接让 G1 关卡恢复正常功能太过困难，所以科学家最后决定曲线"救国"，针对 G2 关卡上的"修理匠"比如 Wee1、Chk1/2、CDC25 等开发靶向药物，进而实现它们的"警察"功能。

虽然现在还没有任何被批准的针对 *TP53* 基因突变的药物，科学家也还处于对 *TP53* 基因的认知过程中，但作为"人体卫士"的 *TP53* 对人类战胜癌症、保持健康的重要性毋庸置疑，相信在未来，基因 *TP53* 还有更多、更大的惊喜在等着我们去发现。

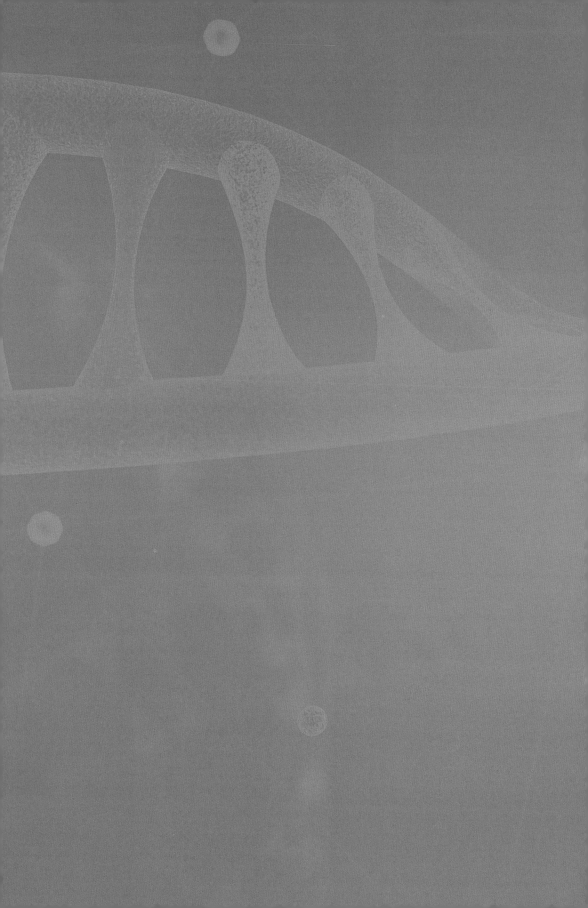

第 六 章

基因连连看——物种间的小秘密

大自然的丰富和精彩很大程度体现在生物系统的繁复和多样，各个物种之间从来不是各自为战，独自精彩，独自进化的。它们在亿万年的生存和进化之旅中，一直都在上演着一出出分合交织的大戏，既有"生命不息，战斗不止"的对立，也有"相依相吸，相辅相成"的共赢。这些物种间不能说的"小秘密"才最终让自然界的生物多样性尽展精彩！

第一节
益生菌——人体肠道里的"超级英雄"

我们是益生菌，是一种活性微生物，与人类朝夕相处，生存使命就是尽心尽责地改善人类朋友体内的微生态平衡、帮人类保持健康。我们可是个大家族，兄弟姐妹很多，都生活在人体或动物体内，它们是酪酸梭菌、乳杆菌、双歧杆菌、放线菌、酵母菌等，名字都很可爱吧？人类很喜欢我们，说我们对身体特别有益，无论是什么原因引起的腹泻，人类都会马上想到我们，觉得喝了我们益生菌（快速补充并恢复肠道菌群）就万事大吉了。尤其因为科学家让我们协同合作，研制出了用我们兄弟姐妹组成的复合活性益生菌。这可是功能相当强大的家族成员，被广泛应用于生物工程、工农业、食品安全以及生命健康领域，据说已经成为你们人类眼中万能的超级英雄了，无论身体有了什么大事小事，你们都能想到这个"超级英雄"。我虽然很骄傲，但

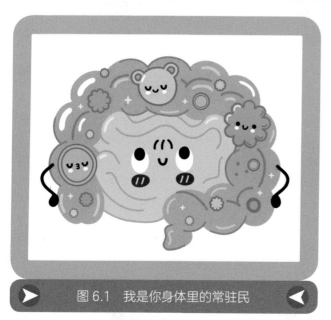

图6.1 我是你身体里的常驻民

是，事实真是这样简单吗？

我们这个相亲相爱的大家庭有好多好多兄弟姐妹，比如双歧杆菌、乳酸杆菌、嗜热链球菌等，都被称为有益菌，在人体中主要寄生于肠道、胃和口腔内。我们在胃和口腔中的菌群数量都较少，更喜欢在肠道中居住，那里的菌群数量最多，所以我们是你们肠道中的常住居民。大部分伙伴都安居乐业，尽心尽力地为人类工作，可也有些不靠谱的兄弟，比如游手好闲的大肠杆菌和粪肠球菌，这两兄弟不务正业，大家叫它们中间菌，这可不是个好名字，听着就不坚定，一旦有了合适的条件，它们就有可能闹事。另外就是葡萄球菌和假单胞菌，它们也不是正面角色，属于有害菌。我们也在时刻关注它们，和它们互相制约，希望我们能通过努力，维持好人类肠道环境的和谐。

作为一种细菌，世界就是我们的舞台，从巧克力、腌菜到各种发酵乳制品，我们无处不在。进入并定居在人体中对我们来说其实是一次漫长而艰险的旅途：在到达终点站大肠前，我们需要经过胃和小肠两大消化吸收器官，在这里我们要暴露于胃液的高酸（pH 值在 2.0 左右）环境中，这是对我们最严酷的考验。在这长达 1~2 小时的跋涉中，很多兄弟姐妹消失在胃液里，剩下的我们会继续前行。

但是，也有身负绝技的兄弟能绝地突围。乳酸杆菌 MG1363 就可以通过精氨酸脱亚氨基酶途径（Arginine Deiminase Pathway，ADI）在酸适应过程中产生由 *ArcB* 基因编码的鸟氨酸氨基甲酰转移酶，这种酶作为该途径的关键酶之一，能使精氨酸经过一系列反应，将氨变成尿素，从而降低环境中的酸性，起到保护自身的作用。有盔甲就是厉害啊！

成功突围并到达目的地的我们终于在胃和小肠定殖了，然而我们突然发现情况依然危急：我们被包围了！周围有大量的长着长长触角的大同行，有的呈棒状，有的呈螺旋状，还有的是球形，人类把它们叫作幽门螺杆菌（*Helicobacter pylori*，简称 *H. pylori*）。它们主要通过鞭毛定殖生存于胃部及十二指肠的各区域内，它们会引起胃黏膜轻微的慢性发炎，甚至会导

致胃及十二指肠溃疡与胃癌。这些本地的菌怎么会容忍我们侵占它们的地盘并且与它们作对！那么，为了人类的健康，为了能够有自己的家园，我们唯有一战！

身负使命的我们可是被人类寄予期望的"超级英雄"，我们不怕跋山涉水，也不怕死在人体的任何一道关卡中，面对强敌时，我们更是勇于出击。制敌方案有3种。

一是提高防御等级。我们产生的乳酸、细菌素和过氧化氢等能形成肠道的天然化学屏障，可直接抑制或杀死幽门螺杆菌，减少幽门螺杆菌对肠道上皮细胞的攻击。

二是扩大地盘招兵买马。定殖于肠道或其他部位的我们，可以生成更多的兄弟姐妹，与幽门螺杆菌竞争结合附着点和营养，阻止幽门螺杆菌的定殖和生长，最终赶走它们，饿死它们！虽然幽门螺杆菌的表面蛋白含有

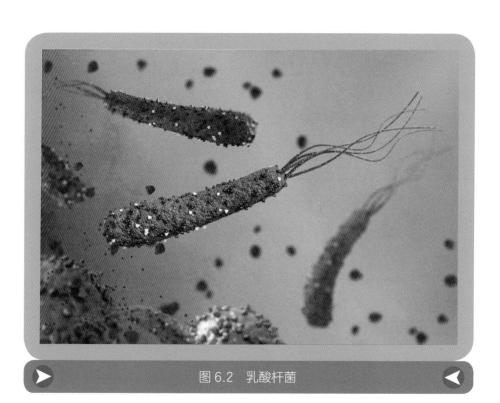

图6.2　乳酸杆菌

多种黏附分子，可黏附于上皮细胞，但我们有着黏附力更强 S- 层蛋白附着在细胞上形成保护屏障，可以有效减少幽门螺杆菌的黏附。

三是致命一击。幽门螺杆菌使出了它们的绝招，用它们体内的尿素酶水解尿素产生氨和二氧化碳，中和周围的酸性物质，再加上 PPI（质子泵抑制剂：抑制胃酸分泌的一类物质）的使用，极其有利于它们生存下去。敢放大招？它们可想不到我们可以抑制尿素酶的活性，不光歼灭了敌军，还产生了大量的短链脂肪酸，降低了肠道的 pH 值，改变幽门螺杆菌的生存环境，服了吧？

经过与幽门螺杆菌的殊死搏斗，我们终于到达了最终目的地——大肠器官。可另一个问题出现了，由于人类饮食不洁净，造成"贫民"大肠杆菌揭竿而起，敌军数量已经是我们的 2~5 倍了，我们急需支援！这时的人类也开始出现腹痛、腹泻、发热等症状了。

援军（补充的益生菌）和盟友（杯状细胞）到了，冲啊，弟兄们！

杯状细胞亦称杯细胞，是混在黏膜上皮中的黏液分泌细胞，底部狭窄，顶部膨大，充满黏原颗粒，HE（苏木精－伊红）染色为蓝色或空泡状，多为空泡状。杯状细胞分泌的黏液物质的主要成分是黏蛋白，所以杯状细胞是一种典型的黏蛋白分泌细胞。

MUC2 基因是编译分泌 MUC2 黏蛋白的主要基因，有研究表明益生菌可以促进细胞器的生长和黏蛋白分泌；益生菌能够上调 *MUC2* 基因表达，拮抗致病菌的肠道黏附、侵袭以及易位作用。

历经奋战，无私付出，终于我可以说，人类消化系统能够维持健康，我们益生菌功不可没！

但是最新的研究也表明，对人类肠道的所有问题，我们可能没有想象中那样厉害，也不是万能的。通过一系列人体肠道内实验，科学家发现，大部分消化道阻止了标准益生菌发挥作用（我们很亲人，但人类很多不亲菌哟）。此外，服用益生菌平衡抗生素也会产生副作用，可能会延缓正常肠道细菌和基因表达回归初始状态。

益生菌到底有没有益处？答案或许因人而异，使用者也各有体会。然而，我们在人体内的漫长生命之旅，对我们自己而言，就是一份"超级英雄"的完美答卷！

第二节
非洲猪瘟——致命的影子杀手

你还记得 2018 年的传染病吗？非洲猪瘟（African Swine Fever，ASF），这种只感染各种家猪和野猪，而且病死率几乎为 100% 的烈性传染病，在 2018 年下半年席卷全国并严重影响到我国人民的口粮。引起这种疫病的罪魁祸首是非洲猪瘟病毒（African Swine Fever Virus，ASFV）。

如果要用词语来形容这种病毒，穷凶极恶、刁滑奸诈、伤害于无形甚至不能完全表达它的险恶凶残，或许"影子杀手"大致能够概括它的特质。这样的"杀手"自然躲不过科学家的"鹰眼"，研究已经发现，造就该病毒这种特性的并非是其基因组中某一个基因的功劳，而是它庞大基因组中很多基因共同作用的结果，下面我们就来一窥这个重量级杀手的真面目吧。

非洲猪瘟病毒是一种大型双链 DNA 病毒，归类为非洲猪瘟病毒科非洲猪瘟病毒属，有包膜，直径约为 200 纳米，基因组是 170~190kb 的双链 DNA，编码 170 多种蛋白质，病毒由外到内共 6 层结构，主要在巨噬细胞的细胞质中复制感染。非洲猪瘟于 20 世纪 20 年代在肯尼亚初现踪影，因发病症状和猪瘟类似，被命名为非洲猪瘟，但实际上非洲猪瘟病毒和猪瘟病毒是完全不相关的两种病毒。非洲猪瘟疫情在 20 世纪中叶开始向欧洲、美洲等地扩散，20 世纪末部分地区曾战胜过这种疫病，但这并不是人类的真正胜利，身为杀手，这种病毒的战力岂容小觑！2007 年前后，蛰伏并没有太久的非洲猪瘟病毒重装上阵，开始重新传入欧洲，并迅速影响周围的国家，我国也于 2018 年 8 月确认发生第一例非洲猪瘟疫情。目前，全球大部地区和国家都曾惨遭这种病毒洗劫，并且全球还未有国家研制出有效防控疫情的疫苗。在非洲猪瘟病毒的阴影笼罩下，粮食安全和民生稳固开始受到威胁。

非洲猪瘟病毒难防难治，是因为它有着复杂又完善的逃避宿主防御系统的体系，非常刁滑奸诈，如杀手般身手敏捷。170kb 以上的基因组在病毒界无疑是巨无霸一般的存在，同时病毒基因组外有 5 层包膜，每层包膜都对免疫系统有很强的防御作用，并且基因组还编码各种各样其他的逃避免疫系统的蛋白，这就使得疫苗研制阻力很大。目前，在其他疫病防控中使用的疫苗多为针对单一蛋白的，少数是针对两个蛋白的，且效果较好，但对于非洲猪瘟，原则上却需要对其每层包膜上的至少一个蛋白进行免疫才能实现有效防控，其难度可以参考击剑比赛中，防御身着 5 层坚硬盔甲

图 6.3　非洲猪瘟病毒整体结构（左为切面图，右为整体结构）

的对手。这也使得对非洲猪瘟病毒的控防研究之路坎坷而艰难。目前科研人员已经发现 P72、P54、CD2V、P30 等蛋白可以被选用于免疫，但随后又发现用传统疫苗策略免疫宿主后产生的体液免疫对于非洲猪瘟病毒的作用还是收效甚微，还需要调动细胞免疫共同参与保护，而人为同时引起特异的体液免疫和细胞免疫比较困难，这也成为目前疫苗研制道路上的最大绊脚石。

说它善于藏形匿影，大家可能有些疑惑，这么严重的烈性疫病怎么还藏形匿影呢，不是应该很容易被发现吗？实则不然，如果那么容易发现，就算疫苗难以研制，也可以通过其他严格的净化手段加以清除，不至于现在全球的养猪业都还在深受其威胁。非洲猪瘟病毒基因组虽然很大，但它是个"灵活的胖子"，既善于寄生，又长于隐匿。非洲猪瘟病毒传播途径一般有以下几种：虫媒、体液和环境。其中虫媒这种途径是最难以防控的，蜱虫被认为是最重要的一种非洲猪瘟媒介害虫。该病毒的结构特性使得它可以长期存活于蜱虫体内，伺机而动，所以一有机会，它就会在猪群中制造大规模的破坏，也就是说目前很多国家和地区的野生环境中存在着无数的非洲猪瘟不定时炸弹，很难被彻底清除掉。通过虫媒传播，隐蔽性很强，很难被发现，更难被控制。另外，病毒感染宿主猪后，并不是马上引发病症，而是在免疫系统中悄悄地复制，静静地等待机会。等到宿主表现出病症的时候，病毒的复制数量也到了一个非常恐怖并且难以遏制的程度，使得现有的治疗手段也难有任何效果了。宿主发病后很短时间内就会死亡，并且在同一栏中，一只出现了症状，很快其他的宿主也会出现症状进而死亡。这也就是它被称为烈性传染病的原因所在。综合以上两点来看，传播途径多样且隐蔽，感染初期无症状，出现症状即为末期，这就是它被称为"影子杀手"的原因。

说它穷凶极恶，大家自然能够感觉出来。野猪感染这种病毒，会损害自然界的物种多样性，而我们一般不易察觉，但家猪感染，会给饲养者乃至全国的经济都带来直接和沉重的打击。非洲猪瘟病毒一旦在宿主体内完成繁衍的进程，就会使发病的宿主高热、食欲减退、呼吸困难、皮肤发绀和出血、呕吐腹泻，短期内就能使宿主痛苦地走向生命的终点，并且其杀伤面极大，不可谓不残忍凶恶啊。

非洲猪瘟病毒引起的疫情是我国农业生产目前面临的棘手问题之一，也是对我国生命科学科研人员的重要考验，需要在短时间内解决，否则影响将非常巨大。

当然，自然界的造物规则永远是公正和平衡的。非洲猪瘟病毒有着杀手的凶厉，也自然有脆弱的"命门要害"，它对一些物理和化学方法的攻击十分敏感，加热和常用的消毒剂都可以有效杀灭它，并且它也不会感染人。

非洲猪瘟病毒进化出的巨大的基因组以及复杂的病毒结构是它成为重量级杀手的重要武器。不过，即使它基因组再复杂、免疫逃逸功夫再高，毕竟还是自然进化的结果，正所谓"魔高一尺，道高一丈"，科学家能解读它，就有办法能预防它。目前对非洲猪瘟的防治手段研发主要集中在两个方面：研究疫苗用于防疫，开发治疗手段用于治疗。在疫苗研究方面，亚单位疫苗（*p72*、*p54*、*p30*、*CD2v* 等基因编码的蛋白制备）、DNA 疫苗（*p72*、*p54*、*p30*、*CD2v* 等基因或文库制备）和基因缺失的减毒活疫苗（缺失 *CD2v* 基因等毒力基因或免疫抑制基因）在实验室都表现出了不同程度的保护效力，其中 DNA 疫苗表现出了 60%~80% 的保护效力，而人工缺失基因后的减毒活疫苗保护效力可高达 100%。不过每种类型的疫苗目前都处于研究阶段，还有许多问题需要解决，比如有一些减毒活疫苗对宿主的副作用较大，在有大量野生病毒存在的环境中有重组返强的风险等，但可以期待的是，终有一天，钳制非洲猪瘟病毒的屠龙刀可以铸就。在治疗方面，由于养殖业中猪的价值很高，感染后直接杀死损失巨大，开发行之有效的早期治疗手段势在必行，这里的治疗手段有两层意义：一是传统意义上的治疗方法，基于抗病毒、免疫调节等机理，研发抑制病毒复制或增强机体清除病原能力的药物，并探索其合理的使用方法，争取把已经感染的猪保护下来；二是目前业界采用的"拔牙式"清除方式，可以理解为

"制"，即利用痕量核酸检测的方法，检测出感染初期的个体，在其发病和具有传染性之前及时进行隔离处理，保护大的群体，同时对养殖场实施更加规范化的管理，切断其传播途径，任它再怎么狡诈、残暴，没了通行的道路，也无法来去自如。治疗手段研制成功并快速推广，规范使用，必定可以成功克制非洲猪瘟病毒。科技进步力克"影子杀手"，基因利器保护民生大计！

第三节
"菟丝附女萝""缠绵悱恻"的寄生之旅

初秋的山野田园，凉意渐深，但草木并未凋零，还有一些花开得正好，枝间绽艳，点缀秋色，比如菟丝花。

菟丝子在全世界分布广泛，大约有近200个物种，是旋花科菟丝子亚科菟丝子属植物，中国是其原产地之一。

远观菟丝子，它天生柔弱细嫩，缠绕寄主植物，与其相生相伴。《古诗十九首》中就有"与君为新婚，菟丝附女萝"之喻，菟丝子因此成为自古至今女子与缠绵爱情的绝好象征。

近看菟丝子，它无根无叶。种子萌发后，初生幼苗只是一根黄白色半透明的丝状体，柔软细嫩却生长迅速。幼苗上部分开始向四周慢慢旋转，向远处探寻，寻找着寄主植物。它一旦接触到寄主植物，就在接触的位置出现细胞分化，螺旋似的缠绕到寄主植物的茎秆或叶柄上，接触部位的表皮细胞的细胞质增多后便发育成了初始的吸器。吸器经机械压和酶解过程，穿透了寄主植物的表皮细胞后深入到了皮质层，形成了搜寻丝，再深入到寄主植物的韧皮部或者木质部，最后形成了种间胞间连丝，不仅成了菟丝子和寄主植物的表面连接，还很快成了成熟的吸器，成了菟丝子和寄主植物之间的"营养通道"。吸器直达维管束，从寄主植物获取水分、糖、氨基酸、蛋白质和矿物质等生长所需的一切营养物质。建立寄生关系后，菟丝子下部就逐渐与土壤分离，从此与寄主植物相伴相生，不断伸长，不断分枝。菟丝子的生命力极强，即便是暂时离开寄主，当它再次接触到寄主后，仍然能够继续缠绕寄主植物，并长出吸器，再次建立起寄生关系，那些缠绕在寄主植物上面的菟丝子片段更是能够随着寄主植物的生长而蔓延繁殖。

菟丝子主要通过种子进行传播扩散。由于在找寻寄主植物的过程中不仅要拼实力，还得靠运气，而菟丝子种子存储的营养很有限，因此，需要在营养和能量耗尽前找到寄主植物才能活下去。确实，在短短1~2周的时间内能找到寄主植物的菟丝子种子很少。因此，菟丝子的种子虽然小，但一株菟丝子产的种子就多达数千粒乃至数万粒。这些种子或混杂在农作物的根块、种子、饲料中，或借助水流、鸟兽、风力及农具远距离传播。

菟丝子通过吸器吸取寄主植物的养分，而且因其藤茎生长迅速，并缠绕在寄主植物的枝条叶片上面，严重影响着寄主植物叶片的光合作用，导致了寄主植物营养的大量流失，进而严重影响寄主的生长和繁殖，如寄主生长减退衰弱，叶片黄化或脱落，无法开花结实，产量与品质降低，甚则枝梢干枯或整株枯死，乃至成片死亡。本是"房客"的菟丝子却渐渐安居乐业、开花结实。菟丝子的"觅食"范围很广，大约有100多种寄主植物，如豆科、菊科、禾本科、茄科、蓼科等植物。大豆、胡麻、亚麻、甜菜、洋葱、葡萄、果树、野生番茄、野生烟草、拟南芥和紫花苜蓿等都曾与菟丝子有过始于相伴，陷于相爱，终于相杀的惨痛经历。

因菟丝子具有较大的危害性和容易随着农作物种子传播的特点，国际上多个国家都把菟丝子列入了"黑名单"，禁止或限制输入。又因为菟丝子具有攀附和寄生的特性，还被取名为"魔王丝线""致命绞索""植物吸血鬼"等。

那么，是什么原因使得外表柔弱细嫩的菟丝子变成了温柔杀手？菟丝子的根叶又去了哪里？科学家深入研究后才知道，都是菟丝子的进化惹的祸。

通过基因组测序等手段，科学家发现，原来在约7100万年前，菟丝子属与番薯属的植物的共同祖先经历了一次全基因组三倍化的加倍事件，大约在3100万年前，菟丝子属与番薯属的共同祖先发生了物种分化，产生了菟丝子属的祖先。此后，菟丝子开始放飞自我，选择了快速进化，任性果断丢失了大量的基因，而丢失的基因中，大部分都关乎光合作用、根和叶的功能与发育、开花、抵御逆境与胁迫和转录调控等功能。科学家认为，菟丝子的根叶退化与基因丢失事件很可能相关，根叶的退化反而使菟丝子进化出了吸器，有了吸器，自然界普通植物必须进行的光合作用、吸取水分和营养等工作，菟丝子就可以直接用吸器从寄主植物中获取。至于吸器是怎么进化而来的，目前还无研究结论。

不过凡事都有两面性，菟丝子也是如此。一方面，菟丝子对农作物或绿化植物具有危害性；另一方面，菟丝子却是一味临床常用中药，对生殖内分泌系统有调节作用，对神经有营养作用，能调节免疫功能。随着现代生物学的飞速发展，菟丝子的一些药用价值均已得到了一定程度的实验证实。

而且，最新研究还表明，寄主植物和菟丝子之间的"物质交流"也非常频繁，不仅包括水分和营养，还包括蛋白质、mRNA以及次生代谢物等。菟丝子和寄主、寄主与寄主间的相互作用关系不仅密切，也很复杂。在具备某些条件的情况下，菟丝子还能帮助不同的寄主相互建立起抗虫防御的"统一联盟"。

随着技术手段的不断提高，科学家正在从进化、生理生态和遗传等多个角度，揭开寄生植物与寄主间相互作用的奥秘。相信在不久的将来，人们将能够利用这种关系更好地防治寄生植物，造福人类，让"可恨之物终觅得可用之处"。

第四节
豆科植物和根瘤菌的"跨界结亲"

在我们的习惯认知中，自然界的生物圈就是一条错综复杂又秩序清晰的食物链，常见"一物降一物"，绝少"相亲相爱"，更难得与"合作"联系起来，但其实"合作共赢"这种生存模式最早就源于大自然，且在植物、微生物和动物中比比皆是，这种合作关系就叫"共生"。要说大自然中最深谙"合作共赢"之道的，当属豆科植物和根瘤菌了，它们可算得上是生物体系中的最强搭档，并因这样的代表性成为人们研究最多的模式植物。它们的合作共赢则是赢在获取养分，赢在生存和繁衍。

要保证植物正常生长，氮、磷、钾三大营养元素不可缺少，尤其是氮元素，对作物生长起着至关重要的作用。如果缺少了氮肥，植物就会长得又矮又小。众所周知，空气中 70% 以上都是氮气。但是，将氮气转化为生物可利用的铵盐和硝酸盐难上加难。因为氮气中两个氮原子间的化学键非常稳定，只有在高温高压并有催化剂存在的条件下，它们才能和氢气反应生成氨。这个过程耗能巨大，只能通过工业固氮的方法直接利用氮气，在目前来看成本过高，流程烦琐。但是，利用生物固氮就可以解决这个瓶颈问题，有一类豆科植物有一种特殊的本领，它能够直接利用空气中的氮，不需用高成本的工业方式转化就能供应自己生长的需要，实在是聪明的植物啊！

我们熟悉的黄豆、豌豆、蚕豆、扁豆等，都属于豆科植物。这些普通的豆科植物怎样拥有了轻松从空气中获取氮的绝技的呢？它们的小秘密就

是细菌,在豆科植物根部几乎都存在着与它有共生关系的细菌。如果我们拔起一棵大豆或其他豆科植物,就能发现在它的根上面长有许多小疙瘩,像瘤子一样,这是由根瘤菌刺激形成的。根瘤菌可是兢兢业业、专门制造氮肥的"工人",它们平常生活在土壤中,看似坐享其成地过着腐生和寄生的"懒散"生活,但它们体内还存在着有生物活性的固氮酶,能将大气中的氮气还原成植物可以直接利用的氨,这个过程称为生物固氮作用。

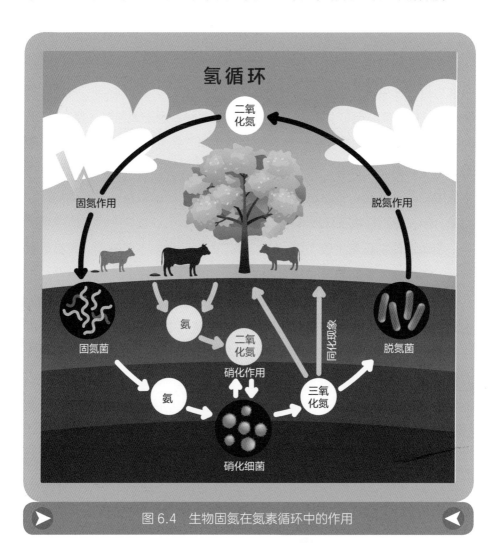

图 6.4 生物固氮在氮素循环中的作用

当豆科植物在土壤中生长时，根瘤菌会向豆科植物的根部靠拢，在其根部大量繁殖，有的还钻到豆科植物根部的表皮里面，引起豆科根部细胞的分裂和生长，从而在根部形成了一个个"小瘤子"。根瘤菌进入豆科植物根部后，不仅形体发生很大变化——比过流浪生活时大了几十倍，在机能上也发生了变化——它们放弃了之前的"堕落"生活，变成了勤劳能干的制造氮肥的"工人"，卖力地把空气中游离的氮素还原成能为植物吸收的氨态氮，最终合成植物可吸收的"盘中餐"——有机氮化物。这样一个氮素"加工厂"，源源不断地供应豆科植物的生长需要，使它们枝繁叶茂，欣欣向荣。根瘤菌与豆科植物配合得很默契，它们"相依为命"，共同生活，维持很长一段时间的相互合作，一直到豆子成熟时才宣告结束，等到来年新的豆科植物再被种植时，它们还会重续前缘，开始新一场美丽的邂逅和共生。

但豆科植物根部周围的细菌千千万，它如何"吸引"根瘤菌前来呢？科学家经过反复实验验证发现，根瘤菌含有一种信号分子（Nod 因子），让豆科植物如痴如醉，只要它们的根部遇到这种分子，会"不由自主"地靠近，与其结为"盟友"，并开始同生共处。经测定，一棵豆科植物的根瘤菌，不仅可以满足豆类作物的需要，它们还"乐于助人"，分出一些来帮助"远亲近邻"，增加了土壤的肥力，供给其他植物利用。

根瘤菌为什么能固氮呢？它的高招就是一把"神刀"——固氮酶，该酶是一种生物催化剂，常温常压下就能够催化氨的形成，固定氮素。然而，固氮酶、固定氮素是有前提条件的，那就是必须保证严格无氧的条件，这就难怪有益的根瘤菌只长在地下了。

既然豆科植物的根和根瘤菌都各自有自己的绝招，那么它们之间的"合作"即共生又是如何实现的呢？科学家经过研究，发现了控制它们共生关系的一个关键步骤的基因——SYMRK（Symbiosis Receptor-like Kinase）。该基因能够识别豆科植物的根和根瘤菌产生的特异分子并与之结合。这个结合过程改变了 SYMRK 的结构，诱发并激活了建立共生关系的基因所需的级联反应，从而使它们互惠互利、合作共赢。

根据豆科植物和根瘤菌能够巧妙合作的特性，如果能将根瘤菌的"地下氮肥厂"移植到其他农作物的身上，不但能避免化肥对自然环境的污染，还能降低生产成本，那将是多么美好的一件事。所以在整个植物基因工程中，固氮基因的转移成了皇冠上的明珠。许多学者孜孜不倦地进行着研究，希望早日攻下这座堡垒。目前，已经有把一种固氮菌移植到胡萝卜细胞的成功实验，把豌豆根瘤菌引入小麦和油菜的细胞的尝试正在顺利进行。看来，只要科学家继续努力，实现固氮基因与植物相亲，大自然与人类相互得益的美好愿景就指日可待了！

第五节
植物大变僵尸——基因在作祟

如果问你，植物和僵尸有什么联系？相信多数人都难以回答。即便能给出答案，也多会与风靡一时的《植物大战僵尸》游戏有关，但这是只存在于虚拟世界的游戏。真实的大自然中是否存在游戏的实景展现呢？当然存在！对，你没有看错，这样的没有硝烟的战争时时刻刻发生在大自然中，交战双方则是植物与其寄生物植原体。或许你对植原体比较陌生，但是当你知道它所属的"门派"后便会有似曾相识的感觉：它是一类类似细菌，但没有细胞壁的原核微生物，隶属细菌界。虽然肉眼看不见，但广阔天地之中，它无处不在。在这场交锋中，一旦植物自身免疫系统无法抵抗植原体的入侵，唯一的结果就是植物被占领和利用。生机盎然的植物沦为植原体的傀儡，失去原有的生命的轨迹，出现花变叶、丛枝、衰退、黄化、绿变、白叶、矮化等多种症状，继而成为被操纵的僵尸。

　　生物界所有的竞争和攻击无非是为了两件事：自身的生存和繁衍后代。植原体也不例外，它是"万物非我所有，但均为我所用"的践行者，将寄生生存和繁衍后代两件事情做到了极致。既能为了保证自身的生存，控制植物僵而不死，又能转化植物吸引媒介代为传播自己的子代，这样的生存术很高明。

　　入侵成功是植原体打赢战争最为关键的一步，一旦成功则意味着其打破了由植物免疫系统组成的"防火墙"，成功定殖于植物体内。接下来，植原体要做的则是放肆地享用"城池"内的各种生物资源。短暂的适应期之后，植原体开始自我复制，进入对数生长期，数量以指数增长。这对植物来说，实在是一个悲惨的结局：看上去还活着，却只是在为植原体服务。从生命延续的角度来看，这些植物已经无法繁育，犹如没有生命只有本能的僵尸，至此，植原体完成了对植物的僵尸化改造。

　　植原体对植物的控制不仅体现在为己所用的生存方面，竟然还考虑到了子代传播、开疆拓土的长远需求，实在是很有格局的生物。植原体侵入植物体内之后，不单是汲取营养，还改变植物代谢的信号通路，迫使植物发生形态改变。例如，马达加斯加玫瑰色长春花（*Madagascar Rosy Periwinkle*）感染植原体之后，花瓣会改变原来的形态而成为花瓣状的叶片，使"自己"看起来很好吃，进而吸引叶蝉来吸食。这些昆虫则可以将植原体带到新的宿主植物上，从而"暗助"植原体实现开疆扩土的目标。花瓣叶片化这一神奇现象吸引的不仅是贪食的叶蝉，还有"噬"未知知识如命的科学家，正是对这一神奇现象的探究，让人类得以一窥真实版"植物大战僵尸"。

　　2014 年 4 月 8 日，研究人员终于搞清这一切神操作背后的始作俑者——植原体 *SAP54* 基因，该基因编码的蛋白是它制胜的撒手锏。入侵发生后，植原体会给植物注入 SAP54 蛋白，这种蛋白质与一种名叫 RAD23 的植物蛋白相互作用，进而调控植物操纵自身开花的一些关键蛋白发生泛素化而被蛋白酶体降解。植物正常生长发育途径被破坏和重编辑，花瓣会逐渐变成绿色并不再有瓜熟蒂落的一天，这相当于给植物做了绝育手术。而整个花体看上去则像是一簇汁液饱满的绿叶，吸引叶蝉来吸食，不明真相的叶蝉则成为植原体传播的媒介。

然而，*SAP54* 基因的作用还不只是让植物绝育，其编码的蛋白本身对昆虫也有吸引作用。其精妙之处就在于此，植原体只用一种基因就同时控制了植物和昆虫，真让人拍案叫绝！

图 6.5　被植原体叶片化的花

我们惊叹于自然进化如物种的脱胎换骨，更应庆幸这种事情没有发生在人身上，丧尸围城还仅仅是发生在电影中的情节。我们越探究，越能感受大自然蕴藏的未知和奥秘，探索自然，发现自然，也因此更加敬畏自然！

▶ 小窗口

植原体（Phytoplasma）：原称类菌原体（Mycoplasma-Like Organism，MLO），厚壁菌门（Firmicutes），柔膜菌纲，非固醇菌原体目，非固醇菌原体科；是一类无细胞壁的原核微生物，具有单位膜，但容易受外力作用而破碎，大小在 50~1100 纳米，易受外力影响而呈现出多种形态。能够通过植物筛板间的胞间连丝移动。主要分布于植物韧皮部筛管细胞、伴胞、韧皮纤维以及刺吸式介体昆虫的肠道、淋巴、唾液腺等组织内。植原体对青霉素不敏感，而对四环素类抗生素敏感。

第六节
蟋蟀之死——自杀还是谋杀？

秋天的清晨宁静而又神秘，小水塘不远处的草丛中，蟋蟀们尖细的长鸣此起彼伏，仿佛是清晨的交响曲，叫醒了万物，迎来了晨曦。并没有人注意到，一只蟋蟀突然停止了鸣叫，它发疯一样向前跳跃，速度越来越快。其实它本无须惊慌，这片草丛少有天敌来袭，鲜嫩的青草和清澈的露珠让这里看起来更像是蟋蟀生存的天堂。但饥肠辘辘的它并没有停下脚步，更无心加入同伴们的音乐会，它一个劲儿地绕着池塘跳跃，直到筋疲力尽，纵身跃进了池塘！

这并不是第一只投水自尽的蟋蟀，几乎每天都有相似的情景在这片水塘附近出现，甚至连蟋蟀的邻居螳螂，也开始屡屡投水自尽。小小池塘为什么屡屡发生"命案"？究竟是什么神秘的力量左右蟋蟀和螳螂出现这样离奇的行为呢？

在蟋蟀溺亡后不一会儿，有一些细绳一样的生物——至少有几十厘米那么长，扭动着从蟋蟀的肚子里缓缓地钻了出来。凶手终于露出了真面目——这场离奇的"蟋蟀自杀案"原来是一场精心策划的谋杀！凶手叫作铁线虫，入水柔软如细丝，出水坚硬如铁丝，它们其实是蟋蟀的"寄宿客人"。铁线虫栖息在河流、池塘或者水沟内，靠寄生生活。铁线虫诞于水中，产于水中的卵很快会孵出很小的幼虫，然后被蚊虫或者蠓虫幼虫吃掉，而这些小飞虫又会被更大的昆虫吃掉，比如蟋蟀和螳螂，这就是铁线虫感染宿主的方式。铁线虫进入宿主体内后继续发育，直至成熟后离开寄主，

在水中交配产卵，开始新一轮的循环。当然，送走"寄宿客人"的宿主命运很悲惨——死亡。

这些恐怖的"谋杀"案件引起了科学家的兴趣。寄生虫学家发现，铁线虫能够在几个月的时间里慢慢蚕食掉蟋蟀或者其他宿主的消化系统，当自己长到足够大之后，就能够利用神经递质控制宿主，让它们"投河自尽"。然后这些虫子就会逃离宿主并立刻在水中交配，雌虫在水中产下更多的幼虫，继续"谋杀"更多的蟋蟀。科学家曾观察到 32 条铁线虫从一只不幸的蟋蟀体内排出的场景，这些铁线虫加起来几乎能够达到跟被"谋杀"的蟋蟀同样的重量。

为了弄清楚"蟋蟀谋杀案"的真相，科学家详细调查和分析了蟋蟀的大脑在投河起跳前、投河瞬间和投河后不久三个时间段里的变化情况，并在蟋蟀的神经系统中出乎意料地发现了 Wnt 分子。有研究认为，Wnt 分子入侵蟋蟀的神经系统后，会严重影响蟋蟀自身的蛋白质合成系统，致使部分蛋白质合成紊乱。其中有一种蛋白质异常活跃，可以发出指使机体向地势低的地方运动的基因指令，蟋蟀的大脑接收到这一指令后，便

图 6.6　从昆虫体内钻出的铁线虫

会立刻奔向地势较低的河流或水塘的方向，"举身赴清池"。Wnt 分子是一类由 *wnt* 基因编码的从多细胞无脊椎动物到脊椎动物中都存在的分泌型蛋白，能够与自身或临近细胞的膜受体结合，激活下游信号传导通路并调节细胞核内的基因表达。Wnt 信号传导途径与许多胞内蛋白的调控相关，经此途径，就能实现细胞表面受体胞内段的活化过程，并将细胞外的信号传递到细胞内。正常情况下，铁线虫身体里存在 Wnt 分子，而蟋蟀身体里则是不存在的。科学家的这一发现说明，这个分子有可能是从铁线虫体内转移到了蟋蟀的身体里，这也许能够解释蟋蟀"投河自尽"的原因。

那么，铁线虫体内的 Wnt 分子是怎样进入蟋蟀的神经系统里的呢？铁线虫体内只有这一种分子入侵了蟋蟀的神经系统吗？进一步的研究表明，蟋蟀身体里有一种和铁线虫身上 Wnt 分子类似的分子，而铁线虫的 Wnt 分子正是利用了和这个同类分子的相似性以假乱真，成功混入蟋蟀的身体组织，然后入侵蟋蟀的神经系统，并让其产生发号施令的效用。科学家将铁线虫体内的 Wnt 分子控制蟋蟀行为的现象称为"分子对话"，也就是说，铁线虫通过 Wnt 分子与蟋蟀进行了"分子对话"，最后控制了蟋蟀。无独有偶，姬蜂将卵产在银鳞蛛腹内，等到幼虫慢慢长大，便开始控制银鳞蛛专心为它们织茧，幼虫羽翼丰满，破茧而出之后，奄奄一息的银鳞蛛便沦为了小姬蜂的美餐。这种通过模仿宿主的基因控制宿主行为的现象实在是残忍而又神奇，完全打破了不同物种基因相互独立、各行其是的传统理论。其实，生物界这种现象屡见不鲜，所以，破解"分子对话"的真相不仅可以帮助我们拨开迷雾，查清"蟋蟀之死"的幕后真凶，还可以让人类在探索基因奥秘的征途上走得更远！

"分子对话"还包含着许多未解之谜，比如不同生物之间的"分子对话"究竟是怎么实现的？那些出生在水里的铁线虫是怎样获得操纵在陆地上生活的昆虫这种奇特本领的？人类的许多疾病与各种各样的寄生物有着千丝万缕的联系，揭开这些谜题将会帮助人类更好地了解生物间的寄生现象，为人类疾病的研究提供新的思路。

第七节
生物界的"傀儡操纵者"——寄生虫
特异基因

　　十年前，美剧《行尸走肉》（*The Walking Dead*）风靡一时，并引领起"丧尸"风潮，一时间，丧尸傀儡充斥电影、电视、游戏，超级英雄、平民斗士无不化身战神，在与丧尸的搏斗抗争中保卫人类。这其中，最博人眼球的除了英雄，自然是那可怕、可恶，甚或可怜的"丧尸"——病毒的傀儡。其实，除了科幻电影的想象，真实的自然界中也存在傀儡，它们就是被寄生生物寄居和操纵的植物和动物。寄生生物有很多，例如细菌、病毒、真菌及原生生物等，它们都依靠宿主来获取居住场所和营养物质，宿主可以是植物或动物。一般情况下，寄主受益而宿主受害，甚至最终有可能宿主死亡，寄主更换"寄宿"地点。

　　能够在弱肉强食的大自然成为"巧取豪夺"的一方，寄生生物自然拥有高超的生存技巧。一些病原体和寄生虫除了"借宿"宿主的身体，还能在需要找新的宿主时，操纵原宿主的行为，为自己找到新的"落脚之处"。比如刚地弓形虫会根据猫尿的气味改变老鼠的行为，重新设定老鼠的行为反应，以增加其被猫捕食的可能性，从而方便自己移居到猫的身上；而柳叶刀肝吸虫能够寄生并感染蚂蚁的大脑，迫使蚂蚁爬到一片草叶的顶部，并保持静止，直到它被吃草的反刍动物吃掉，柳叶刀肝吸虫就能达到给自己更换新"家"的目的。这些寄生虫都是通过强迫性改变宿主的行为来增加自身转移到新宿主的机会，以此提高自身的生存率和繁殖率。这些奇特的寄生方式和操纵能力通常被认为是寄生生物表达特异性基因的结果，但目前只有少数科学研究能够解释类似的现象，比如，前文提过的对植原体的寄生特点的研究。

植原体体内的 SAP54 毒力蛋白能将花转化为叶子，并将植物转化为更有吸引力的寄主。SAP54 通过与植物的 RAD23 蛋白相互作用，通过促进调控开花植物重要发育过程的蛋白质的降解来发挥作用，这些蛋白质是 MADS-box 转录因子家族成员，在植物生长发育调控和信号传导中发挥着不可或缺的作用；RAD23 同样是广泛存在于真核生物中的蛋白质，参与调控植物的更新换代。SAP54 介导的降解作用降低甚至消灭了 MADS-box 转录因子蛋白成员的活性，让花的正常发育受到抑制，从而转变为多叶幼苗，以此提高对叶蝉的吸引力。这些植物虽然表面看起来还是植物，但实际上已经成为被植原体这样的细菌操纵的名副其实的"植物僵尸"。科学家还发现，即使只有 SAP54，没有其他细菌存在，叶蝉仍然可以被吸引来在叶片上产卵，这种神奇的现象让人惊叹不已，可以说，植原体是寄生虫世界的操纵者，而毒力蛋白更像是它迷惑操纵傀儡的制胜法宝。

让我们再来看一场柳叶刀肝吸虫上演的"提线木偶"大剧。最初的柳叶刀肝吸虫虫卵生活在牛羊粪便中，蜗牛吞食粪便后便成为它的第一个宿主；虫卵在蜗牛肠道中孵化和发育，成为成虫后便附着在蜗牛的黏液球上，再被蚂蚁吞入腹中，从而俘获它们的第二宿主——蚂蚁。在蚂蚁身体上，柳叶刀肝吸虫发生了奇特的转变，其中一只会进入蚂蚁的大脑，操控其大脑的活动中心，使得蚂蚁嘴部闭合，紧紧地扎在叶尖，完全暴露在一些食草性动物的嘴边。蚂蚁被吃后，柳叶刀肝吸虫成功迁移到第三个宿主体内，之后"安家立业"、继续繁殖后代。长此以往，循环不断。

大自然的生存机制是残忍的，却又是公平的。人类也在对这样的生存机制的研究和探索中，认清自然，强化自身。目前，关于这种分子机制的研究正在进行，也许很快就能揭开更多的奥秘，让傀儡不再神秘！

第八节
以肉为食——揭开食肉菌的恐怖面具

　　大自然有着内在的法则。自诩"万物之灵"的人类傲居食物链的顶端似乎是毋庸置疑的事实。然而生息继往，盛衰轮回，从来没有什么是永远强大和不败的。但以万物为食的人类，居然是它盘中的美食。自然界中存在一类细菌"以人肉为食"，这些细菌一般通过感染表皮伤口、淋巴等敏感部位进入人体，并释放毒素迅速繁殖，进而侵染皮肤组织、皮下组织和筋膜，侵蚀肌肉和身体，严重时会导致人体伤残、休克，甚至死亡。患者发病后期常伴有大片组织坏死及萎缩的现象，病变部分犹如被啃食过一般，因此，引起这种感染的细菌被冠以可怕的"噬肉菌"之名。

　　你也许不禁要问，噬肉菌真的那么可怕吗？事实上，它们比你想象的还要可怕得多。现在列数一下噬肉菌的家族成员：链球菌、梭状芽孢杆菌、克雷伯氏菌、嗜水气单胞菌、金黄色葡萄球菌和海洋创伤弧菌等多种细菌。它们无一不是凶名赫赫，给人类带来过痛苦的危险分子。以海洋创伤弧菌为例，你可能没听过它的名字，但你肯定知道它的同伴霍乱弧菌。二者同为革兰氏阴性弧菌，且形态相似：菌体都较为短小，弯曲成弧形，尾部生长有鞭毛。二者同为引起全球范围食源性疾病的重要病原菌，危害极大。曾经夺走 2500 万欧洲人性命的霍乱弧菌，遗臭万年。而如今时有病发的创伤弧菌也臭名昭著。它离我们并不远，像幽灵一般游荡在微咸的池塘、江河入海口、浅水海湾及海底沉积物之中，寄身于鱼、虾、贝类等海鲜中，伺机而动，让人防不胜防。

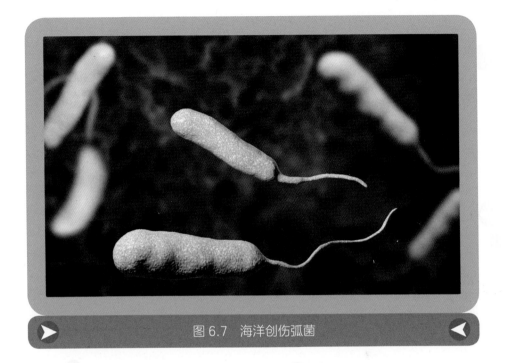

图 6.7　海洋创伤弧菌

　　早在 1970 年，国外报道了首例创伤弧菌感染的病例：被感染者小腿坏疽（下肢局部组织大块坏死并继发腐败菌感染）和内毒素性休克（病灶或血流中革兰氏阴性病原菌大量死亡，释放出来的大量内毒素进入血液时，导致病人休克）。1991 年，国内也首次报道了因创伤弧菌引起原发性败血症的病例。至此，创伤弧菌以致病力强、感染死亡率高而臭名远扬。目前的研究已经表明，创伤弧菌通常通过两种方式感染人体。一是人们食用了携带创伤弧菌的鱼、虾、贝等海鲜，其中食用生蚝引起感染的病例占比过半；二是体表伤口接触到海水或海鲜而导致感染，时常见诸报端的"虾尾扎伤手指，全身多器官衰竭"等报道，罪魁祸首就是它。经科研人员调查发现，创伤弧菌有"欺软怕硬"的特性：同样易感的环境下，免疫力低下者被感染的可能性增加 80 倍。因此，免疫系统是人抵御强敌入侵的有力保障。

那么，只要我们身体健康、免疫力强大，就可以免受这些致命病菌的侵袭了吗？千万不要大意，因为还存在着这样的一种噬肉菌，它们能巧妙避开人体免疫系统，让免疫系统的防护成为摆设，它就是酿脓链球菌（Streptococcus Pyogenes）。在感染的早期阶段，该细菌释放出一种毒素，引起组织剧烈疼痛，这种疼痛能通过影响神经系统牵制宿主的免疫体系，进而为自己的生长和繁殖创造更好的条件。发现这种现象时，科学家同样也很好奇：一种原核低等生物怎么会拥有如此的智慧？他们最终发现，这种细菌秘密武器正是控制合成链球菌溶血素 S（Streptolysin S，SLS）的 *sagA* 基因。当酿脓链球菌侵入人体时，为了避免和人体的免疫系统正面接触，其 *sagA* 基因被激活，激活的 *sagA* 基因快速合成链球菌溶血素 S，大量链球菌溶血素 S 激活特定的痛觉神经元，引发剧烈的疼痛，通过神经系统告诉免疫系统哪里出错并提示免疫细胞远离。与此同时，该毒素促使这些神经元释放出神经递质降钙素基因相关肽（Calcitonin Gene-

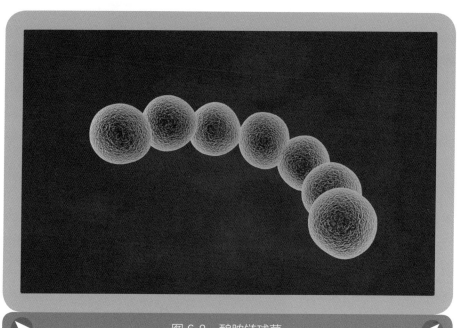

图 6.8　酿脓链球菌

Related Peptide，CGRP）来抑制免疫系统，干扰已经到达感染位置的免疫细胞发挥正常功能，有效阻止免疫细胞释放杀灭入侵细菌的酶。完美欺骗神经元，狡猾地躲过免疫细胞的绞杀，随之将人体组织变成其繁殖的沃土。这实在是一场恐怖的突袭和侵略，让人防不胜防，而且，即使在发达国家，酿脓链球菌的致死率仍高达 24%~32%，说它是人类的健康杀手、死神代言人一点儿也不为过。

值得庆幸的是，酿脓链球菌感染并不常见。在美国每年大约有1200人患上这种疾病，而全世界约有 20 万人患此病。科学家已经根据其劫持神经系统的特点找到了相应的对策。"以其人之道还治其人之身"，用靶向药物调节神经系统和免疫系统之间的关系，恢复二者正常的"警戒"和"狙杀"功能。正所谓"魔高一尺，道高一丈"，人类终将以自己的知识和智慧维系、保证和促进自己的生存和繁衍，而科学也永远是人类保护和发展自身的坚盔利甲！

第九节
SARS病毒从山洞到人间的三级跳

病毒在人类文明发展史上留下了很多深刻的足迹，但是冠状病毒引起的疾病直到 20 世纪末都没有引起世界的重视。直到 2003 年重症急性呼吸综合征（SARS）的出现，才让冠状病毒站上了 C 位。

目前已经发现的可以感染人类的冠状病毒有 7 种：其中 4 种是 20 世纪已经发现的，普通病毒性感冒中有 20%~30% 是由这几种病毒引起的；另外 3 种则是 21 世纪发现的。为了更深刻地认识冠状病毒，我们首先来

明确几个概念。

首先，冠状病毒种类繁多，平时并不罕见。普通感冒有近 1/5 是由 4 种温和型冠状病毒感染引起的，家畜感染冠状病毒很常见，甚至是畜牧养殖业的常见病症。

其次，SARS-CoV 是特指当年在人群中暴发疫情的病毒毒株，经过多年的研究，科学家又在蝙蝠和一些其他中间宿主体内发现了很多同源性很高的毒株，统一被列为 SARS 相关冠状病毒（SARSr-CoV）。

再次，SARSr-CoV 是一类结构和基因与 SARS 冠状病毒相似度很高的冠状病毒。

冠状病毒基因变异实现自然宿主 - 中间宿主 - 人类三级跳

一般来说，病毒跨物种感染的情况并不常见。因为病毒一般不能主动入侵宿主细胞，只能通过某种"钥匙 - 锁"的结构让宿主细胞主动接受病毒，并允许进入。这个"钥匙 - 锁"的结构就是病毒表面的配体和宿主细胞表面的受体。科学研究发现，2003 年的 SARS-CoV 很可能是在蝙蝠体内长期复制扩增并变异，出现了血管紧张素转化酶 2（ACE2）的受体，也就是得到了侵入人体的钥匙，这株病毒通过粪便等途径传入果子狸种群中发生了一些适应性变异后，又传播到人群中，从而造成了 SARS 疫情的暴发。

溯源病毒自然和中间宿主，助力药物研发，切断传播

目前自然宿主和中间宿主这两个关键词也是大家常常讨论的焦点问题之一，那么找到自然宿主和中间宿主对我们防控疫病到底有什么作用呢？首先，我们要明确这两种宿主是什么意思：自然宿主是指病毒感染人之前最早寄生的物种，一般自然宿主和病毒处于一个平衡状态，病毒在自然宿主体内不断复制，但是宿主并不会因此表现出明显的症状；中间宿主则是病毒从自然宿主传播到人群中所经历的一种或几种动物，病毒在中间宿主

身上可能引起症状，也可能不引起症状，但是往往都发生适应和变异，进而获得了近距离接近人类和感染人类的能力。

SARS-CoV 为什么不稳定

SARS 相关冠状病毒都是单链 RNA 病毒，也就是说它们的遗传物质是单链的 RNA，相较于双链 DNA 的遗传物质，RNA 更加不稳定，容易出错，容易重组，这就导致了潜在的高变异性。病毒变异的方向是不确定的，大部分变异的病毒很可能无法存活或者感染力降低，但是如果有极个别的病毒通过变异获得了更强的传染性或者更长的潜伏期等对防疫不利的能力，那就很可能造成严重的后果，所以密切关注病毒变异情况是非常重要的防疫手段。

蝙蝠——孕育病毒的天然工厂

蝙蝠独特的生活习性、生理特性和物种特性，使得它很有可能成为很多病毒性疫病的源头。近年来世界范围内发生了多起病毒性疫病大暴发，其中就有数起被推断或确定和蝙蝠有关，SARS 冠状病毒、MERS 冠状病毒、马尔堡病毒、亨德拉病毒、尼帕病毒、狂犬病毒以及埃博拉病毒的暴发都或多或少被推定是因蝙蝠而起。

蝙蝠作为唯一一种会飞的哺乳动物，在自然界是一种极其特殊的存在。具有飞行能力使得其在世界各地有广泛的分布，更有机会在各地犯案；也因为是哺乳动物，所以其携带的病毒传播到其他哺乳动物甚至人类中的机会大增。

截至 2021 年，在蝙蝠体内发现的病毒多达数千种，单只蝙蝠体内甚至能携带超过 100 种病毒，可谓是毒王，蝙蝠携带这些病毒而不为其所累的原因和它特殊的免疫系统有很大关系。进化出飞行能力使得它们的体温常年高达 40℃，免疫系统也一直处于激活状态，病毒在这样的环境下不断地复制又不断地被免疫系统清除，多处于一种稳态——病毒不断繁

殖而不引发疾病。加之蝙蝠自身具备的超高的代谢效率和自我修复机制，使得其寿命相对较长。病毒在这样一个可以长期生存的宿主体内不断地复制，不断地变异，最终形成了一个大毒库。而且蝙蝠在野生环境中和其他哺乳动物接触很密切，也就有大量的时间向环境中排毒，在蝙蝠体内滋养了多年的病毒进入其他哺乳动物种群中就非常容易造成大规模的疫情暴发。

人类免疫系统——病毒的天然防火墙

其实，现代医学对于病毒性疾病的治疗方案远没有针对其他疾病那样高效和明确，因为基于病毒的特殊结构和扩增机理，我们很难找到可以直接针对病毒而又对人体伤害较小的药物。尤其是对于突发的、传播性强的新的疫病，疫苗和针对性药物的研制如同远水，很难解近渴。不过也不用过于担心，我们人体的免疫系统还是很强大的。人体在遭遇病毒入侵后，随着病毒的不断扩增，免疫系统会被激活，经过一系列复杂的信号转导，人体会在病毒入侵的组织中激活炎症反应，不断地限制病毒复制，清除病毒，和病毒展开拉锯战，进而使得身体不断好转，最终痊愈。

当然，防范多种病毒侵害人体仍然是很重要的，科学家任重道远。在未来，希望你也可以加入科研的大家庭，和科学家一起守护人类健康！

第十节
植保战将——寄生蜂

在人类长期的种植史中，虫害是影响作物产量的诸多因素之一，也是重要因素之一，即便到了科技已日趋发达的今日，全球粮食作物每年依然会因虫害造成近 10% 的减产。而且，随着近些年全球气候变暖，昆虫的种群分布有明显向高纬度移动的趋势，这使得农业生产中的虫害问题更加突出，亟待缓解。人与虫围绕粮食的博弈从古延绵至今，传统的方法是使用化学农药，但在杀灭害虫的同时引发了环境、食品安全、生态安全等方面的问题。因此，更加安全、有效、经济的生物防治方法引起了科学家越来越多的关注和重视。

合理利用害虫天敌是生物防治的重要内容之一，昆虫天敌分为捕食性与寄生性两大类。寄生性天敌主要包括蜂类和蝇类，其中，利用寄生蜂防治虫害已成为生物防治中的重点措施。在小试牛刀并且屡屡斩获战果后，寄生蜂已经成为植物保护的"领军人物"，不管害虫藏身何地，它们都有本领找到，并且歼而灭之。

寄生蜂是膜翅目细腰亚目中的一类种类繁多的寄生性昆虫，常见的有赤眼蜂、小蜂、茧蜂、姬蜂等。寄生蜂繁殖策略非常奇特，生儿育女时丝毫不费力气，养育工作由被寄生的对象全权负责。寄生通常不会明显影响寄主的行为，但寄生蜂不但会改变寄主的行为，让寄主任劳任怨地成为它的"家庭保姆"，还会在其完成产子任务后将其杀死。外寄生和内寄生是寄生蜂的两种寄生形式，不同形式的产卵位置导致幼虫取食习性各不相同。

外寄生者如专门寄生圆蛛的斜脉姬蜂，将卵产于圆蛛体表，幼虫孵化后会从圆蛛体表取食，吸吮它的血淋巴。内寄生者如寄生于粉蝶幼虫的盘绒茧蜂，将卵产于幼虫体内，盘绒茧蜂幼虫孵化后会取食粉蝶幼虫体内的组织，最后"破虫而出"。相较而言，内寄生形式相对较为"先进"，科幻电影《异形》（Alien）中描述外星寄生生物的灵感能源于此就不难理解了。这样的生物体从另一方面展现了生命的智慧和大自然的神奇。

寄生蜂的寄生过程分为 5 个阶段：选择寄主栖境 – 定位寄主 – 寄主接受 – 寄主适应 – 寄主调节。发现好的寄主并得到接受是寄生蜂繁育的关键。在长期协同进化的过程中，寄生蜂拥有了独特的搜寻、定位与攻击寄主的行为机制。寄生蜂借助来自嗅觉的化学信号缩小搜索范围，提高定位的可靠性与准确性。通常受损植物所散发出的挥发性物质可使寄生蜂在远距离便接收到信号，之后寄主本身的粪便及分泌物所释放的挥发性小的化学物质提供了更准确的信号。准确定位后，寄生蜂会通过触觉、视觉及产卵器上的感受器对寄主的发育阶段、健康情况或是否已被寄生进行严格的检验，挑选最为合适的寄主。

接下来，寄生蜂又是如何让心仪的寄主心甘情愿为它服务呢？

想要一探究竟，我们可以来体验一下内寄生形式的菜蛾盘绒茧蜂（Cotesia vestalis）的寄生之旅。一开始菜粉蝶幼虫还会稍作尝试，抵抗自己并不想要被赋予的使命，释放神经毒素来麻痹菜蛾盘绒茧蜂，但是心怀繁育大任的雌蜂不会就此放弃。它将产卵器刺透菜蛾幼虫的皮肤，将卵输入其体内。蜂卵沉浸在幼虫营养丰富的血淋巴中并准备开始它们的生命之旅，然而入侵行为触发了菜蛾幼虫的免疫系统，免疫细胞会收到抗敌指令，披盔戴甲准备消灭这些"不速之客"。这种情形寄生蜂早已料到，发生寄生行为时，它已将体内的卵巢蛋白、毒液、畸形细胞、多分 DNA 病毒（Polydnavirus，PDV）等因子一同注入蜂卵内。这些因子将共同作用，为蜂卵解除危险。

多分 DNA 病毒如同蜂卵的"御前侍卫"，与寄生蜂互惠共生，在遗传上也存在着特殊关系，多分 DNA 病毒的基因组线性会整合到寄生蜂的染色体 DNA 中。多分 DNA 病毒只在寄生蜂卵巢萼上皮细胞进行复制但不表达。而成熟的多分 DNA 病毒粒子随蜂卵进入寄主体内后快速表达但不再进行复制。因此，为了自己的生存，多分 DNA 病毒只能竭尽全力帮助寄生蜂成功寄生，以保证自身作为原病毒延续下去。菜蛾盘绒茧蜂体内的多分 DNA 病毒名为 CcBV，对 CcBV 进行基因组序列测定分析发现，在 CcBv 编码蛋白的各基因家族中，数量最多的是蛋白酪氨酸磷酸酶家族基因（*Protein Tyrosine Phosphatases，PTPs*），其次是锚蛋白家族基因（*Ankyrin*）。蛋白酪氨酸磷酸酶家族基因在寄主血细胞中表达水平最高，通过调节蛋白质的磷酸化水平，破坏寄主血细胞的作用。锚蛋白家族基因编码一种细胞内的连接蛋白，在寄主免疫系统信号的传递应答中起着重要的抑制作用。

菜蛾盘绒茧蜂发生寄生行为后，CcBV 侵染了菜粉蝶幼虫的体内组织尤其是血细胞，使血细胞发生形变，不能正常展开，从而抑制寄主对多分

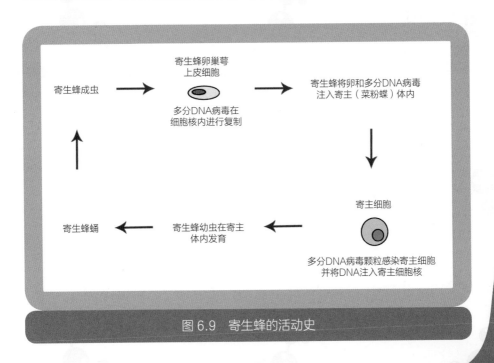

图 6.9　寄生蜂的活动史

DNA 病毒的包裹。不但如此，多分 DNA 病毒还与其他因子通过多种途径影响寄主的生长发育与营养代谢，导致幼虫体内幼保激素的增加与蜕皮激素的减少，从而使其发育滞缓，同时 CcBV 入侵了寄主的激素系统，更会致使其性器官萎缩。遭遇了"化学阉割"的菜粉蝶幼虫完全被俘虏，丧失"虫"生，不能破茧成蝶却为一直满足蜂卵的需求而大快朵颐，为蜂卵营造舒适的营养环境。蜂卵虽然大量吸食幼虫血液，但也会小心翼翼，不去破坏幼虫的任何重要器官。数天后，蜂卵发育成熟，已经达到目的，得偿所愿的它们不再需要维持这种和平的表象，于是，利用发育出的锯齿状牙齿咬开菜粉蝶幼虫的皮肤，获得自由。它们吐丝结茧，开启下一阶段的成长。不可思议的是，此时的菜粉蝶幼虫依然迷失着自我，又变身"保镖"，为这些茧吐丝使其更加坚固，并且守护着它们免遭其他种类寄生蜂的侵害，直到自己死亡。

多分 DNA 病毒就像寄生蜂的"鹰犬"，一路披荆斩棘护蜂卵周全。而被寄生的幼虫就这样被几毫米大的寄生蜂玩弄于股掌之间，贡献了自己短短的一生。

大自然让两个物种有了千丝万缕的联系，借助这样的共生与联系，我们可以化大自然的神奇为人类抗虫的利器，将害虫天敌正确地应用到生物防治中，与虫争粮，为人类谋福利，谋求农林业的绿色可持续发展。

后 记

人类在探索生命的征途上
从未停歇脚步

生命是什么？生命源自哪里？生命如何成为浩瀚宇宙中最特别的一类？不同的文化都试图用神话故事来解释人类的起源之谜。

随着科学的发展，人类逐渐了解了生命的演化过程，不再只从"神创论"里寻找答案。但面对缤纷多彩的生命世界，从单细胞到多细胞、从海洋到陆地、从微生物到动物、植物，面对纷繁复杂、数以百万计的生命种类，人类并不满足于探索生命的外在表象。我们总在好奇，这些多彩的生命表象里隐藏着怎样的秘密智慧。驱使这些生命不断繁衍和进化的内在动力又是什么？

160 多年前，来自奥地利的遗传学家孟德尔利用一把豌豆拉开了现代遗传学的序幕。孟德尔通过豌豆实验，发现了生物的遗传定律，即分离规律与自由组合规律。而彼时的遗传因子还是个虚无缥缈的概念，既看不见，更摸不着。直到 40 年后，美国的进化生物学家托马斯·亨特·摩尔根发现了染色体，让生命的"摩斯密码"研究——基因研究扎根于先前的研究成果之上，茁壮成长。几乎又是一个 40 年，美国科学家艾弗里通过实验分析证明了基因的化学本质是"脱氧核糖核酸"，即 DNA，这一发现让基因研究真正步入了分子研究层面。不到 10 年的时间，美国科学家沃森和英国科学家克里克提出了 DNA 的双螺旋结构，从此人类探索"生命之谜"的大门向科学家敞开。全球的科学家在此基础上不断探索，终于在 1967 年成功破译了生命信息传递过程中的重要密码，发现了生命传递遗传信息时的精妙设计，由 3 个碱基组成三联体决定一个氨基酸，让只有 4 种碱基的地球生命可以决定 20 种氨基酸的排列。20 种氨基酸的精妙组合使得生命的遗传信息达到了惊人的数据量。

我们知道，摩斯密码是由两种基本信号和不同的间隔时间组成的，以此代表不同的词，但距离表达一句完整的句子，读懂讯息拥有者所表达的含义还有很远的距离。我们必须把一个个生命"摩斯密码"（即 DNA 中碱基）的排列顺序核准并拼接到一起，才算读取了生命的"天书"。这本"天书"在 1977 年被英国科学家桑格翻开。凭借两次获得诺贝尔奖的超级智慧，桑格提出了快速测定脱氧核糖核酸序列的技术"双脱氧链终止法"，为人类读取和理解基因"摩斯密码"奠定了重要的基础，使得人类在基础科学、农业、医药、工业等领域有了飞速的发展。

桑格的创新使得人类在基因解读上取得了一次又一次的成功。科学家觉得有必要做一件足以在人类发展史上留下浓墨重彩的一笔的事情——他们想破译人类的全部遗传信息，并将该计划命名为"人类基因组计划"，这是人类科学史上的又一个伟大工程，被誉为生命科学的"登月计划"。1990 年，"人类基因组计划"正式启动，计划在 15 年内投入至少 30 亿美元进行人类全基因组的分析。美国、英国、法国、德国、日本等国家共同参与了这一计划，在中国科学家的积极争取下，1999 年 9 月，中国获准加入人类基因组计划，负责测定全部序列的 1%。正是这来之不易的 1%，为新世纪中国生物科学技术与产业的飞速发展带来了一束光明。按照设想，到 2005 年，科学家可以解读完成人类体内约 2.5 万个基因（30 亿个碱基对）的密码。这一次，人类似乎低估了科学发展的速度。2000 年，人类生命蓝图——人类基因组草图绘制完成。3 年后，人类基因组计划的测序工作全部完成。

人类基因组计划带动了基因组测序技术的发展。谁也没有想到在人类基因组测序完成后短短不到 20 年的时间里，高效率、低成本的基因测序已经为基因检测平民化提供了可能。斗转星移，曾经举全球之力耗费十多年时间，花费数十亿美元才能完成的人类基因组计划，在科技飞速发展的

21 世纪初，已经实现了大约 1000 美元就可以完成一个人全部基因组测序的目标。

　　一通百通，到 2020 年 4 月，科学家已经完成了 1900 多种动物、600 多种植物、26000 多种细菌、17000 多种病毒的基因组测序，为了解这些生物的基因智慧提供了重要的信息库。不仅如此，2022 年 3 月 31 日，国际科学团队完成了第一个完整的、无间隙的人类基因组序列，让我们能够更清晰地了解自己。

科学技术日新月异让基因智慧为人所用

　　科学技术的飞速发展加速了人类解读基因的进程。在解读基因功能上，科学家将计算机技术、显微技术、核磁技术、辐照技术、纳米技术等交叉学科领域的优势发挥得淋漓尽致。

　　随着测序技术的快速发展，以计算机为工具，对多种多样的生物学数据进行搜索、处理及利用的生物信息学悄然而生。科学家将已经测序完成的基因组信息、已经解析完成的功能基因信息组建成一个个的信息数据库。我们通过获取的基因序列推导其编码蛋白质的氨基酸序列，可以预测编码蛋白质的基本理化特性；可以通过 BLAST（序列相似性搜索工具）程序将获取的基因序列与数据库中已知功能的基因与蛋白质进行相似性分析，根据相似性程度来初步预测该基因的功能。比如我们获得了一个基因，通过比对发现与此前已经报道过参与细胞增殖、细胞周期调控及抗紫外线的 DNA 损伤相关的基因高度相似，以此预测该基因可能与肿瘤发生相关，从而指导科学家针对该基因设计功能验证的研究。

还有一些基因，其在个体不同发育阶段、不同组织与细胞类型中的表达不尽相同，这是了解个体完成生长发育及衰老等生命进程的基础。因此，了解一个基因在何时表达，在何处表达，表达量如何，对全方位解析基因的功能也具有重要的意义。比如，科学家会将一种报告基因——绿色荧光蛋白基因（第四章第一节）与研究目标基因连接到一起，并转化到细胞中去，当目标基因与报告基因同时表达时，我们就可以通过显微镜清晰地看到目标基因是在细胞核中还是在细胞质中表达，从而帮助科学家确定目标基因在细胞中的表达位置。

为了解析正常的基因所行使的生物学功能，科学家不得不想尽办法利用拟南芥、果蝇等模式生物，对正常的基因功能进行干扰、沉默或者敲除，从而发现这些基因在常规生命体内可能发挥的作用。比如四川大学通过转基因技术干扰了水稻体内的一个功能未知基因 *OsHAD1*，发现在转基因植株中 *OsHAD1* 的表达量明显下降，花粉异常率极高，导致结实率和千粒重大大降低，因此推测 *OsHAD1* 参与水稻的生殖发育尤其是花粉发育进程。当然，实现对正常基因功能进行干扰、沉默或者敲除的方法有很多种，可以采用辐照技术让模式生物体内的一些基因发生突变，从而通过观察这些生物的表型变化来探知突变基因的功能。但这样的突变是随机的，也可能是多个基因同时突变的，往往会阻碍科学的研究或者影响研究结果。基因组定点编辑技术，则非常巧妙地弥补了这个缺陷。这项技术可以精准地编辑某个基因，从而可以更快捷地获得研究某个具体基因功能的生物材料，很好地解决了传统突变体研究的短板，更好地帮助人类认识基因在生命体中发挥的作用。

经过全球科学家不断探索，联合攻关，利用基因已蔚然成风。截至2020 年 4 月，人类已经解析 86.9% 的拟南芥基因组的功能、37.4% 的水稻基因组功能、74% 的玉米基因组功能、86.6% 的果蝇基因组功能。成千上万的生命密码正在被解析的路上。

科学家利用基因智慧造福人类

　　随着生命科学技术的不断创新，科研人员的不懈探索，基因智慧令人类既惊喜又叹服。比如，科学家发现了来自水母中的荧光蛋白基因，分离了苏云金芽孢杆菌的抗虫基因，获得了除草剂草甘膦的拮抗基因，解析了重组人凝血酶 Ⅲ 基因等。

　　科学家从来不会止步于发现，创造美好生活才是科学家的终极目标。人类对基因的认识越深，对高效、绿色、环保、健康的生活就越发有信心。目前，一些已知的功能基因已经在农业、医药、环保等领域发挥着极其重要的作用。在农业研究领域，诸如抗虫基因、抗草甘膦基因、品质改良基因、各类动物用疫苗基因、饲料用酶基因、产量提高基因等，种类新颖，功能丰富，为提高作物产量，减少人工及环境污染产生巨大促进作用。以抗草甘膦基因为例，科学家利用基因工程手段，将抗草甘膦的 *EPSPS* 基因整合到植物体内，培育出了抗草甘膦的基因工程作物。*EPSPS* 基因编码 5- 烯醇式丙酮酰莽草酸 -3- 磷酸合成酶，通过该酶的作用，可以阻断草甘膦对生物合成途径的干扰，从而使作物在田间喷洒草甘膦时避免被杀灭，这使得在农田使用除草剂草甘膦时只作用于杂草，而不影响作物的正常生长，从而极大地减少劳动量、提高劳动效率，使得大规模机械化种植农作物成为可能。而另一个明星应用基因则是来自苏云金芽孢杆菌的精准杀虫基因 *cry1Ab*（见第二章第十节），科学家利用基因工程手段，将抗杀虫基因 *cry1Ab* 整合入植物体内，培育抗虫转基因作物，为人类健康和生态环保带来了巨大收益。目前，转抗虫基因的玉米、大豆、棉花等多种农作物已经在美国、加拿大、巴西、阿根廷等国家大量种植。1996—2016 年的

20 年时间里，抗虫基因为全球节约了 6.71 亿千克的农药，保障了数千万农田劳作者的生命健康和生态环境安全。

　　诸如此类利用基因智慧的案例还有很多，在医药领域的胰岛素基因、人血清白蛋白基因、人用疫苗基因、重组人凝血酶基因、人生长激素基因，在工业领域的食品用酶类基因、生物能源类基因、生物材料类基因，在环保领域的降解类基因、修复类基因及固氮类基因等都在我们看不见的地方闪光发热。人类是如何将这些自然界的基因智慧应用到农业、医疗、环保、工业、能源等各个领域的？我们将会通过《基因智种》《基因智造》《基因智疗》来为你呈现，快来揭开更多基因的奥秘吧！

参考文献

第二章　微生物的基因智慧

[1] NAYAK D P, BALOGUN R A, YAMADA H, et al. Influenza virus morphogenesis and budding [J]. Virus Res, 2009, 143(2): 147–161.

[2] YOSHIDA S, HIRAGA K, TAKEHANA T, et al. A bacterium that degrades and assimilates poly(ethylene terephthalate) [J]. Science, 2016, 351(6278): 1196–1199.

[3] GARATTINI S. Le grandi scoperte: tra caparbietà, casualità e diffusione dei risultati della ricerca [J]. Recenti Prog Med. 2015, 106(6): 281–282.

[4] ZOU L, HUANG Y H, LONG Z E, et al. On-going applications of *Shewanella* species in microbial electrochemical system for bioenergy, bioremediation and biosensing [J]. World J Microbiol Biotechnol, 2018, 35(1): 9.

[5] MUKHERJEE S, BASSLER B L. Bacterial quorum sensing in complex and dynamically changing environments [J]. Nat Rev Microbiol, 2019, 17(6): 371–382.

第三章　植物的基因智慧

[6] CIVÁŇ P, BROWN T A. Origin of rice (*Oryza sativa* L.) domestication genes [J]. Genet Resour Crop Evol, 2017, 64(6): 1125–1132.

[7] LEVY A A, FELDMAN M. Evolution and origin of bread wheat [J]. Plant Cell, 2022, 34(7): 2549–2567.

[8] MURAI M, NAGANO H, ONISHI K, et al. Differentiation in wild-type allele of the *sd1* locus concerning culm length between *indica* and *japonica* subspecies of *Oryza sativa* (rice) [J]. Hereditas, 2011, 148(1): 1–7.

[9] KELLOGG E A. Plant evolution: the dominance of maize [J]. Curr Biol, 1997, 7(7): R411–413.

[10] CHEN G, HACKETT R, WALKER D, et al. Identification of a specific isoform of tomato lipoxygenase (TomloxC) involved in the generation of fatty acid-derived flavor compounds [J]. Plant Physiol, 2004, 136(1): 2641–2651.

第四章　动物的基因智慧

[11] JOHNSON F H, SHIMOMURA O, SAIGA Y, et al. Quantum efficiency of Cypridina luminescence, with a note on that of Aequorea [J]. Journal of cellular physiology, 1962, 60(1): 85–103.

[12] ANDERSON D P, WHITNEY D S, HANSON-SMITH V, et al. Evolution of an ancient protein function involved in organized multicellularity in animals [J]. Elife, 2016, 5: e10147.

[13] CARRERO D, PÉREZ-SILVA J G, QUESADA V, et al. Differential mechanisms of tolerance to extreme environmental conditions in tardigrades [J]. Scientific reports, 2019, 9(1): 14938.

[14] GEHRKE A R, NEVERETT E, LUO YJ, et al. Acoel genome reveals the regulatory landscape of whole-body regeneration [J]. Science, 2019, 363(6432): eaau6173.

[15] GIBBONS A. Y chromosome shows that Adam was African [J]. Science, 1997, 278(5339): 804–805.

第五章　人类的基因智慧

[16] GERSTNER J R, PERRON I J, RIEDY S M, et al. Normal sleep requires the astrocyte brain-type fatty acid binding protein FABP7 [J].

Science advances, 2017, 3(4): e1602663.

[17] WOTING A, PFEIFFER N, LOH G, et al. *Clostridium ramosum* promotes high-fat diet-induced obesity in gnotobiotic mouse models [J]. mBio, 2014, 5(5): e01530.

第六章　基因连连看——物种间的小秘密

[18] GHERBI H, MARKMANN K, SVISTOONOFF S, et al. SymRK defines a common genetic basis for plant root endosymbioses with arbuscular mycorrhiza fungi, rhizobia, and *Frankia* bacteria [J]. Proceedings of the National Academy of Sciences of the United States of America, 2008, 105(12): 4928–4932.

[19] MACLEAN A M, ORLOVSKIS Z, KOWITWANICH K, et al. Phytoplasma effector SAP54 hijacks plant reproduction by degrading MADS-box proteins and promotes insect colonization in a RAD23-dependent manner [J]. PLoS biology, 2014, 12(4): e1001835.

[20] FALABELLA P, VARRICCHIO P, PROVOST B, et al. Characterization of the IκB-like gene family in polydnaviruses associated with wasps belonging to different Braconid subfamilies [J]. The Journal of general virology, 2007, 88(Pt 1): 92–104.

图片来源

第三章　植物的基因智慧

[1] 小立碗藓：https://commons.m.wikimedia.org/wiki/File:Physcomitrella.
jpg

[2] 大刍草：https://commons.m.wikimedia.org/w/index.php?search=%
E5%A2%A8%E8%A5%BF%E5%93%A5%E9%87%8E%E7%8E%89%E7%
B1%B3&title=Special:MediaSearch&type=image

第四章　动物的基因智慧

[3] 领鞭毛虫：https://upload.wikimedia.org/wikipedia/commons/0/0d/
Choanoflagellate_and_human_spermatozoon.jpg

[4] 蜂王：https://commons.m.wikimedia.org/wiki/File:Bienenkoenigin_43a_
cropped.jpg

[5] 雄蜂：https://commons.m.wikimedia.org/wiki/File:Drone_24a.jpg

[6] 工蜂：https://commons.m.wikimedia.org/wiki/File:CSIRO_ScienceImage_
2370_Female_Worker_Bee.jpg

[7] 白喉带鹀：https://upload.wikimedia.org/wikipedia/commons/4/4d/
Zonotrichia_albicollis_CT1-2.jpg

第六章　基因连连看——物种间的小秘密

[8] 非洲猪瘟病毒整体结构：中国科学院生物物理研究所供图

[9] 被植原体感染的花：https://commons.m.wikimedia.org/w/index.php?
search=%E6%A4%8D%E5%8E%9F%E4%BD%93&title=Special:MediaSea

rch&type=image

[10] 从昆虫体内钻出的铁线虫：https://commons.m.wikimedia.org/wiki/
File:Horsehair_Worm_(14629048952).jpg

欢迎来到科普互动区！

亲爱的读者朋友，感谢你读完这本书，和我们一起领略了基因的智慧，相信你在阅读的过程中一定收获不少。

基因知识"浩瀚如海"，本书所能讲述的也仅是"沧海一粟"，如果你在阅读过程中有新的疑问或想法，可以通过邮件与我们的作者联系互动，我们愿与你一起走进基因科学！

提问方式：发送邮件到作者的邮箱，提出你的问题，就有机会得到作者的回答并获得科普图书

邮箱地址：csab@caas.cn

邮件主题请注明"【基因科学达人问】"

快来和作者互动吧！